"十四五"职业教育国家规划教材

C 语言程序设计

（第 4 版）

主　编　梅创社　董宏建

副主编　李　俊　李培金

参　编　刘引涛　殷锋社

U0234955

北京理工大学出版社

BEIJING INSTITUTE OF TECHNOLOGY PRESS

内 容 简 介

本书围绕程序设计思想训练这个主题，充分吸纳项目教学法的思想，每一个项目的内容都利用小型的项目案例进行引导，训练学生的逻辑思维和分析问题及程序文本的读写能力。由于 C 语言的语法特点，本书依然沿用知识体系的编写方法，但内容的组织按照项目教学法的思想组织教学内容，全书共分为三个部分：语言基础知识、语言设计知识和项目案例库。每个项目内容都指明了学习内容、知识教学目标和技能培养目标，本书强调实际编程能力的培养，项目中包含了大量的程序设计案例供学习者参考，并在每个项目后附有大量的习题与实训供读者练习。

本书可作为计算机专业、电子类专业的学习教材，也可供爱好 C 语言程序设计的读者自学使用。

图书在版编目（ＣＩＰ）数据

C 语言程序设计／梅创社，董宏建主编 . —4 版 . —
北京：北京理工大学出版社，2020.9（2023.9 重印）
　　ISBN 978-7-5682-9269-6

Ⅰ . ①C…　　Ⅱ . ①梅…②董…　　Ⅲ . ①C 语言–程序设
计　Ⅳ . ①TP312.8

中国版本图书馆 CIP 数据核字（2020）第 231135 号

出版发行／北京理工大学出版社有限责任公司
社　　　址／北京市海淀区中关村南大街 5 号
邮　　　编／100081
电　　　话／（010）68914775（总编室）
　　　　　　（010）82562903（教材售后服务热线）
　　　　　　（010）68944723（其他图书服务热线）
网　　　址／http：//www.bitpress.com.cn
经　　　销／全国各地新华书店
印　　　刷／三河市天利华印刷装订有限公司
开　　　本／787 毫米×1092 毫米　1/16
印　　　张／20　　　　　　　　　　　　　　　　　责任编辑／王玲玲
字　　　数／467 千字　　　　　　　　　　　　　　　文案编辑／王玲玲
版　　　次／2020 年 9 月第 4 版　2023 年 9 月第 4 次印刷　　责任校对／周瑞红
定　　　价／52.00 元　　　　　　　　　　　　　　　责任印制／李志强

前言 *Preface*

党的二十大报告中明确提出,"到二〇三五年,我国发展的总体目标是:经济实力、科技实力、综合国力大幅跃升,人均国内生产总值迈上新的大台阶,达到中等发达国家水平"。贯彻落实二十大精神,推动实现新型工业化、信息化、农业现代化。结合经济发展需要,C 语言作为编程工具语言,必须为实现和推动信息化建设发挥应有的作用。C 语言功能丰富、使用灵活、可移植性好,既具有高级语言的优点,又具有低级语言的许多特点。C 语言程序还可以直接对计算机的硬件进行控制,既适合开发系统软件,又适合开发应用软件,因此,C 语言成为计算机专业和电子信息类专业计算机程序设计的首选语言,是国内外广泛使用的计算机编程语言,深受广大程序设计者的喜爱。

本书在对前期版本存在的问题进行修正完善的基础上,结合编者多年的 C 语言教学实践,充分考虑教学的特点,突出对学生编程能力的培养,以程序设计为主线,在深入浅出讲解 C 语言语法规则和程序设计基本结构的同时,通过精心筛选的例题,着重介绍 C 语言程序设计的基本方法和算法的基本要领,通过对项目案例的分析和训练,可使学生在掌握 C 语言程序设计基本结构的同时,增强对程序的读写和思维能力。

本书编写继续沿用知识体系的编写方法,充分将项目案例教学法内容渗透到各项目中。本书编写体系分为以下三部分。

第一部分:语言基础知识。主要介绍 C 语言基础知识及与 C 语言在编程中密切相关的其他接口软件。

第二部分:语言设计知识。主要介绍 C 语言程序设计的三种基本结构、函数、数据构造类型和指针的基本知识与应用。

第三部分:项目案例库。提供若干个小型的项目案例让学生熟悉程序设计的流程和步骤,供教师授课引用和学生学习参考。

本书有以下三个方面的特点。

(1)每个项目后的项目案例给出了程序的实际分析及参考的程序代码,紧紧围绕训练学生程序设计能力这个主题。

(2)在第三部分增加了项目案例库,可供教师授课引用和学生课外自主学习,使学生熟悉程序设计开发流程,增强实践性。

(3)本书第 4 版中,在每个项目的最后设计了项目学习评价表格,通过学习态度、基础知识、基本技能和拓展应用四个模块列出评价要素,依据评价要素开展学生的自我评价和教师评价，并针对于每个模块设计了"反思"栏，驱动学生进行进一步的思考。

本书由陕西工业职业技术学院梅创社、北京理工大学董宏建主编，陕西工业职业技术学院李俊、李培金副主编，陕西工业职业技术学院刘引涛、殷锋社也参与了编写。全书由梅创社和董宏建统稿，共分 13 个项目，其中梅创社编写项目 3、项目 4 和项目 5，董宏建编写项目 6 及全书导图和项目学习评价，李俊编写项目 1、项目 2 和项目 9，李培金编写项目 7 和项目 8，刘引涛编写项目 11 和项目 13，殷峰社编写项目 10 和项目 12。

本书在编写过程中参考了国内外出版的大量 C 语言程序设计教材，在此对参考文献的作者一并表示感谢！

由于作者水平有限，书中疏漏之处在所难免，敬请专家和广大读者批评指正。

编　者

目录 Contents

第二部分　语言设计知识

第三部分 项目案例库

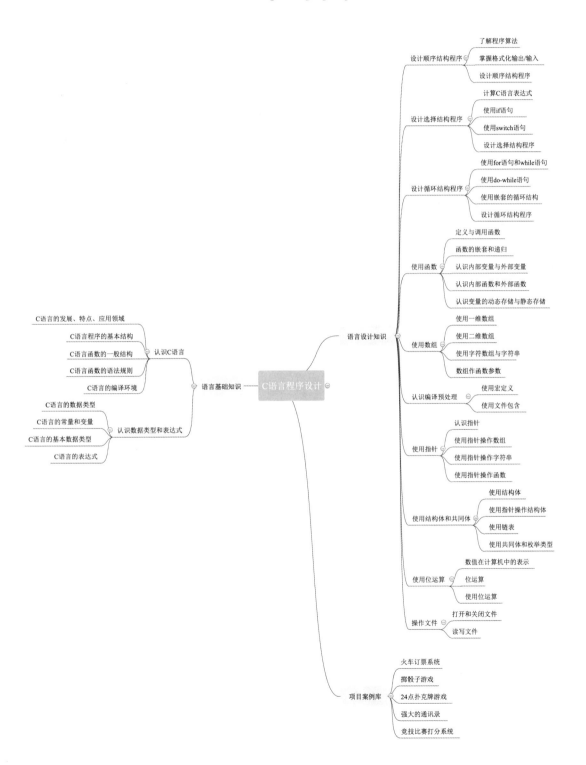

全书导图

第一部分

语言基础知识

项目一 认识 C 语言

C 语言是一种面向过程的并且很灵活的程序设计语言。在计算机日益普及的今天，C 语言的应用领域依然很广泛，几乎各类计算机都支持 C 语言的开发环境。掌握了 C 语言后，再学 C++、VC++、Java 等其他语言就比较容易了。

【本项目内容】
- C 语言的发展和特点
- C 语言程序结构和书写规则
- C 语言的编译环境

【知识教学目标】
- C 语言的发展与特点
- C 语言程序的基本结构
- C 语言程序的基本符号与规则
- C 语言程序的集成开发环境

【技能培养目标】
- 掌握 C 语言程序的基本结构
- 学会使用 C 语言的集成开发环境
- 熟悉 C 语言程序的调试运行过程

任务一 初识 C 语言

任务要求

本任务要求了解 C 语言的发展历程，认识 C 语言的特点，了解 C 语言的应用领域。

任务实现

一、了解 C 语言的发展

在 C 语言诞生以前，系统软件（例如操作系统）主要是用汇编语言编写的。由于汇编语言程序依赖于计算机硬件，其可读性和可移植性都很差；但一般的高级语言又难以实现对计算机硬件的直接操作（这正是汇编语言的优势），于是人们盼望有一种兼有汇编语言和高级语言特性的新语言。C 语言就是在这种背景下应运而生的。

C 语言是贝尔实验室于 20 世纪 70 年代初期研制出来的，并随着 UNIX 操作系统的日益广泛使用而迅速得到推广。后来，C 语言又被多次改进，并出现了多种版本。20 世纪 80 年代初（1983 年），美国国家标准化协会（ANSI）根据 C 语言问世以来各种版本对 C 语言的发展和扩充，制定了 ANSI C 标准（1989 年再次做了修订）。本书按照 ANSI C 标准进行介绍。

目前，在微机上广泛使用的 C 语言编译系统有 Microsoft C（简称 MSC）、Turbo C（简称 TC）、Borland C（简称 BC）等。虽然它们的基本部分都相同，但还是有一些差异的，所以请读者注意自己所使用的 C 编译系统的特点和规定（可参阅相应的手册了解）。本书选定的上机环境是 Visual C++ 6.0。

下面是一个计算圆面积的 C 语言程序段（其中：/*…*/称为注释行，"/*"与"*/"之间的内容称为注释内容）：

```
void main()              /*告诉编译器 C 程序由此开始执行*/
{                        /*程序片段执行开始*/
 float r,s;              /*定义圆半径 r 与面积 s 为实型数据*/
 r=5.356;                /*给半径 r 赋值*/
 s=3.14159*r*r;          /*计算面积 s*/
 printf("%f\n",s);       /*输出面积 s 的值*/
}                        /*程序执行结束*/
```

由上述 C 语言程序可以看出，C 语言是一种面向过程的程序设计语言。

二、认识 C 语言的特点

C 语言是近年来较流行的高级程序设计语言之一，许多大型软件均是用 C 语言编写的（如 UNIX 操作系统）。C 语言同时具有汇编语言和高级语言的双重特性。具体来说，C 语言的主要特点如下：

（1）C 语言是一种模块化的程序设计语言。模块化的基本思想是将一个大的程序按功能分割成一些模块，使每一个模块都成为功能单一、结构清晰、容易理解的小程序。

（2）C 语言简洁，结构紧凑，使用方便、灵活。C 语言一共只有 32 个关键字、9 条控制语句，源程序书写格式自由。

（3）运算极其丰富，数据处理能力强。C 语言一共有 34 种运算符，例如，算术运算符、关系运算符、自增（++）和自减（−−）运算符、复合赋值运算符、位运算符及条件运算符等。同时，C 语言又可以实现其他高级语言较难实现的功能。

（4）可移植性好。C 语言程序基本上可以不做任何修改，就能运行于各种不同型号的计算机和各种操作系统环境上。

（5）可以直接调用系统功能实现对硬件的操作。这是其他高级语言所不具备的。

当然，C 语言本身也有其弱点，例如，C 语言的语法限制不太严格，在增加程序设计灵活性的同时，在一定程度上降低了某些安全性，这就对程序设计人员提出了更高的要求。

三、了解 C 语言的应用领域

C 语言是一种通用的、面向过程的编程语言，广泛应用于系统软件与应用软件的开发。

因为 C 语言既具有高级语言高效、灵活和可移植性等特点，同时又具有汇编语言可以对计算机硬件进行管理的特点，因此 C 语言有广泛的应用领域。

下面列举一些 C 语言常见的应用领域。

（1）系统软件。许多著名的系统软件，如 DBASE Ⅲ PLUS、DBASE Ⅳ 都是用 C 语言编写的。

（2）应用软件。Linux 操作系统中的应用软件都是使用 C 语言编写的，这样的应用软件安全性非常高。

（3）科学计算。相对于其他编程语言，C 语言是数字计算能力超强的高级语言。

（4）图形处理。C 语言具有很强的绘图能力和数据处理能力，可以用来制作动画、绘制二维图形和三维图形等。

（5）嵌入式应用开发。手机、PDA、电子字典等时尚消费类电子产品内部的应用软件、游戏等很多都是使用 C 语言进行嵌入式开发的。

要学好任何一门计算机语言都不是一件很容易的事，学习 C 语言也不例外。但掌握了 C 语言后，再学其他语言就比较容易了，所以对有志于从事计算机编程的人来说，C 语言是一门要认真进行钻研的语言。

任务二　认识 C 语言

任务要求

本任务要求认识 C 语言程序的基本结构，熟悉 C 语言函数的结构，掌握 C 语言函数的语法规则。

任务实现

一、认识 C 语言程序的基本结构

下面通过几个简单的示例来介绍 C 语言程序的基本构成和书写格式，使读者对 C 语言程序有基本的了解。在此基础上，再进一步了解 C 语言程序的语法和书写规则。

【例 1.1】求三个数平均值的 C 语言程序。

```
/*功能：求三个数的平均值*/
void main()                    /*main()称为主函数*/
{float a,b,c,ave;              /*定义 a，b，c，ave 为实型数据*/
a=7;
b=9;
c=12;
ave=(a+b+c)/3;                 /*计算平均值*/
printf("ave=%f\n",ave);        /*在屏幕上输出 ave 的值*/
```

```
}
```
程序运行结果：
```
ave=9.333333
```

【例1.2】 输出两个数中较大值的C语言程序。

```
/*功能：输出两个数中的较大值*/
void main()                              /*主函数*/
{int num1,num2;                          /*定义num1、num2为整型变量*/
 scanf("%d,%d",&num1,&num2);             /*由键盘输入num1、num2的值*/
 printf("max=%d\n",max(num1,num2));      /*在屏幕上输出调用max的函数值*/
}
/*以下是用户自己设计的函数max()*/
int max(int x,int y)                     /*x和y分别取num1和num2传递的值*/
{if(x>y) return x;                       /*如果x>y,将x的值返回给max*/
 else return y;                          /*如果x>y不成立,将y的值返回给max*/
}
```
程序运行情况：
```
5,8↙（"↙"表示按回车键，以下相同）
max=8
```

在以上两个示例中，例1.1所示的C语言程序仅由一个main()函数构成，它相当于其他高级语言中的主程序；例1.2所示的C语言程序由一个main()函数和一个其他函数max()（用户自己设计的函数）构成，函数max()相当于其他高级语言中的子程序。由此可见，一个完整的C语言程序结构有以下两种表现形式。

（1）仅由一个main()函数（又称主函数）构成。结构如图1-1（a）所示。

（2）由一个且只能由一个main()函数和若干个其他自定义函数结合而成。结构如图1-1（b）所示。其中，自定义函数由用户自己设计。

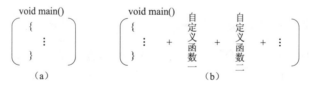

图1-1 C语言程序结构示意图

结合以上示例，可以看出C语言程序结构具有以下基本特点。

（1）C语言程序是由函数（如main()函数和max()函数）组成的，每一个函数完成相对独立的功能，函数是C语言程序的基本模块单元。main是函数名，函数名前面的类型表示函数返回值类型，void表示函数没有返回值。main函数名后面的一对圆括号"()"是写函数的参数的，参数可以有，也可以没有（本程序没有参数），但圆括号"()"不能省略。

（2）一个C语言程序总是从main()函数开始执行。主函数执行完毕，程序执行结束。

（3）C语言编译系统区分字母大小写。C语言把大小写字母视为两个不同的字符，并规定每条语句或数据说明均以分号";"结束，并且分号是语句不可缺少的组成部分。

（4）主函数 main() 既可以放在 max() 函数之前，也可以放在 max() 函数之后。习惯上，将主函数 main() 放在最前面。

（5）C 语言程序中所调用的函数，既可以使用由系统提供的库函数，也可以由设计人员自己根据需要设计。例如，在例 1.2 中，printf() 函数是 C 语言编译系统库函数中的一个函数，它的作用是在屏幕上按指定格式输出指定的内容；max() 函数是由用户自己设计的函数，它的作用是计算两个数中的较大值。

二、熟悉 C 语言函数的一般结构

任何函数（包括主函数 main()）都是由函数说明和函数体两部分组成。其一般结构如下：

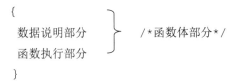

其中，加方括号 [] 时，表示其中的内容可以省略，以下相同。

1. 函数说明部分

函数说明部分由函数类型（可缺省）、函数名和函数形式参数表（简称形参表）三部分组成。其中，函数形参表的一般格式为：

（[数据类型 参数 1,] [数据类型 参数 2,]…）

例如，例 1.2 中的函数 max() 的函数说明各部分如图 1–2 所示。

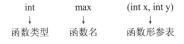

图 1–2　函数说明部分结构示意图

注意：如果函数不需要参数，则可以用（void）或()表示。

2. 函数体部分

函数体部分由函数说明部分以下的一对大括号"{ }"内的若干条语句构成。函数体一般又由数据说明部分和函数执行部分两部分构成，如果一个函数内有多对大括号，则最外面的一对大括号是函数体的范围。

1）数据说明部分

数据说明部分由变量定义、自定义函数声明、外部变量说明等部分组成，其中变量定义是主要的。例如，例 1.2 中 main() 函数体里的"int num1,num2;"语句，定义了两个整型变量 num1 和 num2。

2）函数执行部分

函数执行部分一般由若干条可执行语句构成。例如，在例 1.2 的 main() 函数体中，除变量定义语句"int num1,num2;"外，其余 5 条语句构成该函数可执行语句部分。

有关函数的详细内容，将在后续章节介绍。

三、掌握 C 语言函数的语法规则

C 语言函数的语法规则一般可归纳为以下四条。

（1）函数体中的数据说明语句必须位于可执行语句之前。换句话说，数据说明语句不能与可执行语句交织在一起。例如，下面程序中变量定义语句"int max;"的位置是非法的。

```
void main()
{ int x,y;                    /*定义两个整型变量 x 和 y*/
  x=2;                        /*将 2 赋值给变量 x*/
  y=9;                        /*将 9 赋值给变量 y*/
  int max;                    /*变量定义出现在赋值语句"x=2;"和"y=9;"之后，属非法! */
  if(x>y) max=x;              /*如果 x>y 成立，则将 x 赋值给 max,
  else max=y;                    否则，将 y 赋值给 max*/
  printf ("max=%d\n",max);    /*在屏幕上输出 max 的值*/
}
```

至于如何改正，请读者自行思考。

（2）如果不需要数据，也可以缺省数据说明语句。例如，下面程序缺省数据说明语句。

```
void main()
{
printf("Happy new year!\n");
}
```

程序运行结果：

```
Happy new year!
```

（3）程序行的书写格式自由，既允许一行内写多条语句，也允许一条语句分写在多行上，但所有语句都必须以分号";"结束。如果某条语句很长，一般需要将其分写在多行上。例如，例 1.1 的主函数 main() 也可改写成如下所示的格式。

```
void main()
{float a,b,c,ave;                /*定义 a，b，c，ave 为实型*/
a=7;b=9;c=12;                    /*将第 2、3、4 三行合并成 1 行*/
ave=(a+b+c)/3;                   /*计算平均值*/
printf("a=%f,b=%f,c=%f,ave=%f\n",\
        a,b,c,ave);              /*一条语句可分两行书写*/
}
```

（4）允许使用注释。一个高质量的程序，在其源程序中，都应加上必要的注释，以增强程序的易读性。C 语言的注释格式为：

/*注释内容*/

例如，在例 1.1 和例 1.2，以及本节其他部分给出的源程序中，凡用"/*"和"*/"括起来的文字，都是注释内容。

● "/*"和"*/"必须成对使用，并且"/"和"*"及"*"和"/"之间不能有空格，否则就会出错。

- 注释的位置，可以单独占一行，也可以跟在语句的后面。
- 如果一行写不下，可另起一行继续写。
- 注释中允许使用汉字。在非中文操作系统中，看到的是一串乱码，但不影响程序运行。

任务三　熟悉 C 语言的编译环境

任务要求

本任务要求熟悉 C 语言的编译环境，了解软件的安装和使用方法。

任务实现

熟悉 C 语言的编译环境

Visual C++（简称 VC）系列产品是微软公司推出的一款优秀的 C++集成开发环境，其产品定位为 Windows 9X/NT/2000 系列 Win32 系统程序开发，其由于良好的人机交互界面及易操作性而被广泛应用。由于 2000 年后，微软全面转向.NET 平台，Visual C++ 6.0 是支持标准 C/C++规范的最后版本。在 Visual C++ 6.0 集成环境下，程序员可以完成 C 语言程序的编辑源代码、编译连接、调试运行等所有任务。

1. 运行一个 C 语言程序的一般过程

运行一个 C 语言程序的一般过程如图 1-3 所示。

图 1-3　运行一个 C 语言程序的一般过程

（1）启动 VC，进入 VC 集成开发环境。

（2）编辑源程序。录入源程序，如果编译后源程序存在语法错误，则修改源程序中的错误。

（3）编译。如果编译成功，则可以进行下一步操作；否则返回第（2）步修改源程序，并重新编译，直至编译成功。

（4）连接。如果连接成功，则可以进行下一步操作；否则返回第（2）步修改源程序，并重新编译、连接，直至连接成功。

（5）运行并查看结果。通过观察程序运行结果，验证程序的正确性。如果运行结果不正确，则表明出现了逻辑错误，必须返回第（2）步修改源程序，并重新编译、连接和运行，直至程序运行结果正确。

（6）运行结果正确后，便可以退出 VC 集成环境，结束程序的调试运行。

2. Visual C++ 6.0 的安装

Visual C++ 6.0 分为标准版、专业版和企业版三种，它们的基本功能是相同的，本书以简体中文企业版作为开发环境。

（1）启动 Microsoft Visual C++ 6.0 的安装程序，进入如图 1-4 所示的安装界面。

（2）选择"中文版"，进入安装向导，如图 1-5 所示。

图 1-4　VC 6.0 安装界面

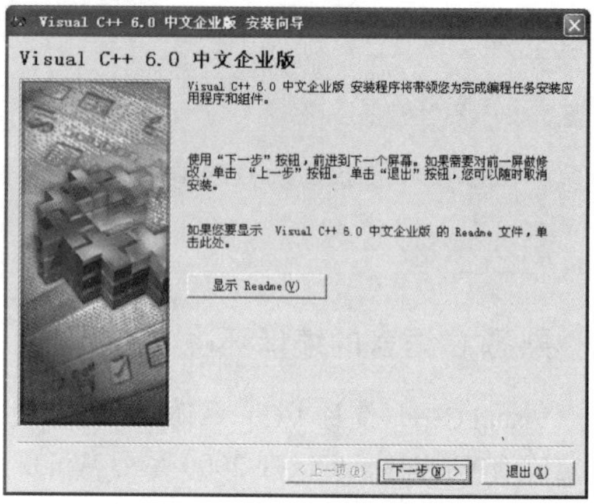

图 1-5　VC 6.0 安装向导

单击"下一步"按钮，进入下一个界面，其后将是接受用户许可协议和填写产品登记号及用户信息的对话框，只有接受协议和正确填写产品登记号后，才能进行其后的安装。

（3）进行安装选择，如图 1-6 所示。

保持默认选择，单击"下一步"按钮，进入下一个界面。

（4）在安装某个组件时，如果遇到已安装的同类产品，则会弹出如图 1-7 所示的对话框。此时，单击"是"按钮将以新版本的组件置换旧的版本；单击"否"按钮将保留旧的版本，而将新版本安装到默认的位置。建议选择"是"按钮。

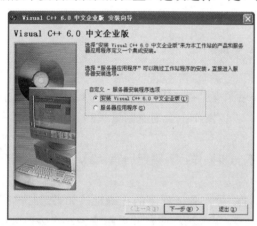

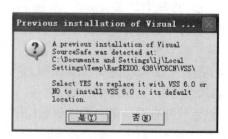

图 1-6　安装选择

图 1-7　组件新旧版本选择

（5）选择安装类型，如图 1-8 所示。建议选择"Typical"（典型）安装，此处也可以更改安装文件夹。

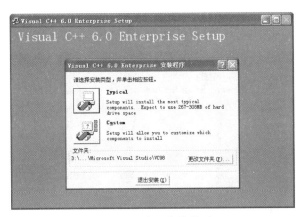

图 1-8　选择安装类型

（6）如果出现语言或版本冲突，安装向导会出现如图 1-9 所示的对话框，可以根据实际需求选择是否替换。然后开始安装，并显示安装进度。

（7）当安装进度达到 100%时，提示安装成功，如图 1-10 所示。

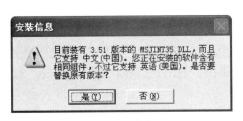

图 1-9　版本冲突提示

图 1-10　安装成功

（8）单击"确定"按钮后，会出现 MSDN 的安装提示，如图 1-11 所示。

图 1-11　MSDN 安装提示

　　MSDN 是 Microsoft Visual Studio 的公共联机文档，为用户提供一些帮助信息，以后也可以单独安装。此处取消安装 MSDN 的勾选，继续选择"下一步"按钮。随后一直保持默认选择，连续选择"下一步"按钮，直到最终出现如图 1–12 所示的 Web 注册窗口。

图 1–12　Web 注册窗口

　　取消"现在注册"的勾选，然后单击"完成"按钮，结束整个安装过程。

3. Visual C++ 6.0 集成开发环境

　　Visual C++ 6.0 集成开发环境是一个功能强、效率高的程序开发环境。开发环境主窗口由标题栏、菜单栏、工具栏、项目工作区、代码编辑区、输出窗口和状态栏等组成，如图 1–13 所示。

图 1–13　Visual C++ 6.0 集成开发环境主窗口

- 标题栏：位于主窗口的顶端，显示当前应用程序项目的名称和当前打开文件的名称。
- 菜单栏：位于标题栏的下方，显示了集成开发环境中所有的功能菜单项。
- 工具栏：位于菜单栏的下方，以按钮形式显示了集成开发环境中常用的菜单项。
- 项目工作区：位于工具栏的左下方，包含了两个面板，分别是"ClassView"和"FileView"，可以通过单击标签进行面板的切换。

● 代码编辑区：位于工具栏的右下方，当在左侧的"项目工作区"选中某一项文件时，右边的代码编辑区就可以打开显示该文件的内容，并可以直接进行查看和编辑。

● 输出窗口：位于项目工作区的下方，主要用于显示程序编译、连接、调试等过程中的输出内容。

● 状态栏：位于主窗口的最下方，显示当前文件的相应信息，如光标位置、插入/覆盖方式等。

这里只是简单介绍了集成开发环境的构成，下面将具体介绍开发 C 语言源程序的操作过程。

4. 编辑并保存一个 C 语言源程序

1）启动 VC 集成开发环境

单击"开始"→"程序"→"Microsoft Visual C++ 6.0"→"Microsoft Visual C++ 6.0"，就能够启动 VC 6.0 集成开发环境，如图 1-14 所示。

图 1-14　启动 VC 6.0

2）创建工程

单击菜单项"文件"→"新建"，将弹出"新建"对话框，在"工程"选项卡中，左侧选择"Win32 Console Application"项，在右侧的"工程名称"框中输入工程名称"HelloWorld"，在"位置"下方单击按钮，可以更改工程的保存位置，在下方的"平台"中勾选"Win32"复选框，如图 1-15 所示。

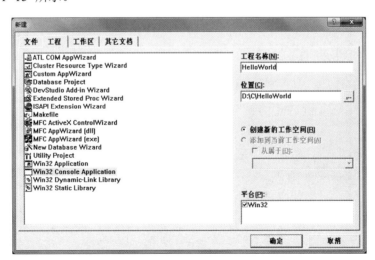

图 1-15　创建 Win32 控制台应用程序工程

单击"确定"按钮，弹出"Win32 Console Application 向导"对话框。在该对话框中，选择所要创建的控制台程序类型。单击选择"一个空工程"项，如图 1-16 所示。

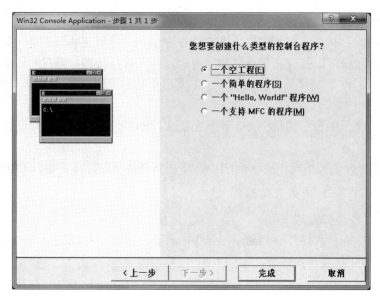

图 1-16　选择控制台应用程序类型

单击"完成"按钮，将弹出如图 1-17 所示的"新建工程信息"对话框，该对话框中显示所创建的新工程的相关信息。

图 1-17　"新建工程信息"对话框

单击"确定"按钮，完成了工程的创建。此时，创建了一个空的 Win32 控制台工程，如图 1-18 所示。

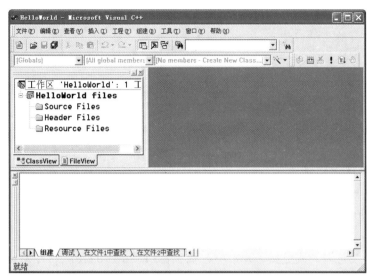

图 1-18 创建空的 Win32 工程

3）添加文件

单击菜单项"文件"→"新建"，在弹出的"新建"对话框中的"文件"选项卡中选择"C++ Source File"项，在右边的"文件名"框中输入文件名"HelloWorld"，如图 1-19 所示。单击"确定"按钮，为项目添加了名称为"HelloWorld"的 C++源文件。

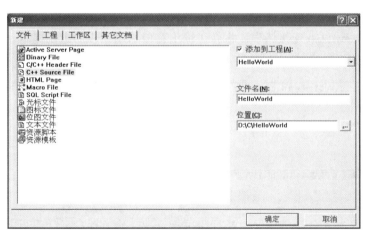

图 1-19 添加文件

添加完成后，在集成环境左侧的"项目工作区"窗口的"FileView"面板中可以看到添加的 HelloWorld.cpp 源文件，如图 1-20 所示。

注意：C++源文件的扩展名为.cpp，C 语言源文件的扩展名为.c，C++语法对 C 语法完全兼容，因此本书都用默认的 C++源文件调试运行 C 语言源文件。

在右侧的代码编辑区输入"HelloWorld.cpp"文件的源

图 1-20 "FileView"面板

代码：

```
#include "stdio.h"
void main()
{
  printf("Hello world,this is the first program!\n");
}
```

单击"保存"按钮，此时源文件已经编辑完成。

5. 程序的编译、连接与运行

单击菜单项"组建"→"组建[HelloWorld.exe]"，或者单击工具栏上的 按钮，或者按功能键 F7，将自动完成对当前正在编辑的源程序文件的编译、连接，并生成可执行文件（.exe 文件）。

● 如果程序没有编译或连接错误，将在输出窗口显示"0 error（s），0 warning（s）"，如图 1-21 所示，表明程序编译、连接成功。

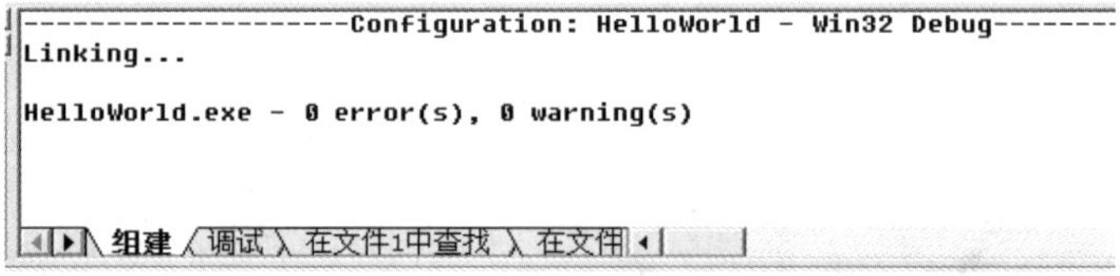

```
----------------------Configuration: HelloWorld - Win32 Debug--------
Linking...

HelloWorld.exe - 0 error(s), 0 warning(s)
```
◀▶ 组建 / 调试 \ 在文件1中查找 \ 在文件 ◀

图 1-21　编译、连接成功提示

● 如果程序有语法或连接错误，将会在输出窗口给出相应的出错提示。如图 1-22 所示，该窗口提示程序第 5 行有错误。

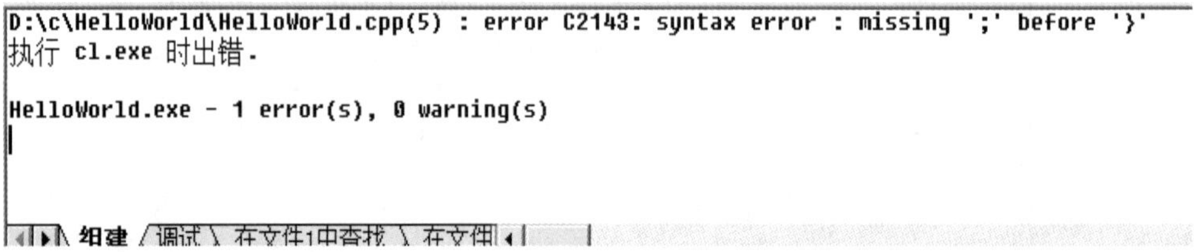

```
D:\c\HelloWorld\HelloWorld.cpp(5) : error C2143: syntax error : missing ';' before '}'
执行 cl.exe 时出错.

HelloWorld.exe - 1 error(s), 0 warning(s)
```
◀▶ 组建 / 调试 \ 在文件1中查找 \ 在文件 ◀

图 1-22　编译或连接出错

此时，就需要在源代码编辑区对源程序进行修改，修改存盘后，重新进行编译、连接，如果仍有错误提示，将继续修改并重新编译连接，直到最终提示"0 error（s），0 warning（s）"才可以进行后面的操作。

当编译连接成功之后，就可以单击菜单项"组建"→"执行[HelloWorld.exe]"，或者单击工具栏上的 ! 按钮，或者按快捷键 Ctrl+F5，来执行程序并查看结果了。前面程序的运行结果如图 1-23 所示。

程序运行显示正确答案之后，就可以按任意键返回到编辑界面，这样一个 C 语言程序的编辑、编译、连接、运行过程就完成了。如果程序运行后显示的答案不正确，则表明程序中出现了逻辑错误，需要回到源代码，认真查找排除程序中的逻辑错误，再重新编译连接，直到最终能运行出正确的答案，程序才算调试运行成功。

图 1-23 程序运行结果

6. 创建一个新的源程序

如果一个 C 语言程序已经调试运行成功了，需要继续编辑调试第二个新程序，该怎么做呢？

首先，单击菜单项"文件"→"关闭工作空间"，使集成开发环境回到当初打开时的初始状态，如图 1-24 所示。

然后，重新单击菜单项"文件"→"新建"，重复前面第 4 步、第 5 步介绍的操作过程，添加新工程、添加文件、编辑保存、编译连接、运行程序，直到运行出正确的结果。

如果程序调试运行成功后不需要再进行新程序的调试，就可以选择单击菜单项"文件"→"退出"，关闭 VC 的集成开发环境。

图 1-24 集成开发环境初始状态

项 目 小 结

程序设计语言是编写解决某一实际问题的计算机程序所使用的语言，是为描述计算机操作步骤而制定的一套标记符号、表达式及使用的语法规则。根据它与计算机硬件的接近程度，可以分为三类：机器语言（计算机可以直接执行）、汇编语言（经过汇编才可以执行）、高级语言（经过编译或解释才可以执行）。

（1）C语言是一种功能很强，也很灵活，同时具有高级语言和汇编语言特点的编程语言。

（2）C语言程序由一个主函数 main() 和若干个其他函数组合而成，或仅由一个 main() 函数构成。C语言程序的执行，总是从 main() 函数开始，而不论其在程序中的位置。

（3）所有函数（包括主函数 main()）都是由函数说明和函数体两部分组成。一般函数结构如下：

[函数类型]　函数名([函数形参表])
{
　　　　数据说明部分;
　　　　函数执行部分;
}

（4）所有语句都以分号结束，注释符（/*…*/）必须成对使用。

（5）VC 6.0 是微软公司推出的一款优秀的 C++ 集成开发环境，集源程序编辑、编译、连接、运行和调试于一体。在 VC 6.0 环境下，C语言程序的调试过程如下：

① 启动 VC 6.0。

② 添加工程。

③ 添加文件。

④ 编辑保存源文件。

⑤ 编译、连接，生成可执行文件。

⑥ 运行可执行文件。

⑦ 查看结果。

⑧ 关闭工作区。

⑨ 退出 VC 6.0。

项目学习评价

序号	评价内容	评价要素	自我评价	教师评价	反思：学习过程中目标的完成情况如何？遇到了哪些困难？采取了什么样的解决方式？
1	学习态度	主动学习知识内容			
		独立完成工作任务			
		积极探索拓展内容			
2	基础知识	了解 C 语言的发展和特点			
		掌握 C 语言的基本结构			
		熟悉 C 语言程序的基本符号与规则			
		知道 C 语言程序的集成开发环境			
3	基本技能	掌握 C 语言程序的基本结构			
		学会使用 C 语言的集成开发环境			
		熟悉 C 语言程序的调试运行过程			
4	拓展应用	梳理总结 C 语言相对其他计算机语言的特点和优劣			

注：评价档次采用 A（优秀）、B（良好）、C（合格）、D（不合格）四个水平。

习题与实训 <<<

一、单项选择题

1. 在计算机系统中，可以直接被 CPU 执行的程序是（　　）。

　　A. 源代码　　　　　　B. 汇编语言代码　　C. 机器语言代码　　　D. ASCII 码

2. 一个字长的二进制位数是（　　）。

　　A. 8　　　　　　　　　　　　　　　B. 16

　　C. 32　　　　　　　　　　　　　　　D. 随计算机系统的不同而不同

3. 一个完整的计算机系统包括（　　）。

　　A. 主机、键盘和显示器　　　　　　B. 计算机与外部设备

　　C. 硬件系统和软件系统　　　　　　D. 系统软件与应用软件

4. C 语言程序的基本单位是（　　）。

　　A. 程序　　　　　　　B. 语句　　　　　　C. 函数　　　　　　D. 字符

5. 高级语言的特点是（　　）。

　　A. 独立于具体计算机硬件　　　　　B. 无须编译

　　C. 一种自然语言　　　　　　　　　D. 执行速度快

6. 下列对 C 语言程序书写格式的描述中，（　　）是正确的。

　　A. C 语言程序中，每行只能写一个语句

　　B. C 语言的续行符是反斜杠 "\"

　　C. 书写 C 语言程序时，要求每行语句都要以 ";" 作结尾

　　D. 注释行必须放在程序的头或程序的尾

二、填空题

1. C 语言程序可以由一个或多个函数构成，但却只能有且必须有一个_____函数。

2. C 语言源程序的扩展名（后缀）是_____。

3. 除了机器语言程序之外，其他语言程序必须经过_____，才可以被执行。

4. 编辑程序的功能是_____源程序。

5. C 语言程序中的错误分为_____错误和_____错误。

三、应用题

1. 简述 C 语言的基本特点。

2. 什么是高级语言？什么是低级语言？

3. 编写一个简单的 C 语言程序，使得在屏幕上显示：

```
****************************
            M E N U
****************************
```

4. 分析下列程序的输出结果，并上机验证。

```
void main()
{
```

```
    int  x , y ;
    x=18;
    y=16;
    y=x+y ;
    printf ("%d\n",y);
  }
```

四、实训题

1. 实训要求

（1）了解 VC 6.0 集成环境的启动与退出方法。

（2）了解 VC 6.0 集成环境的组成。

（3）掌握 C 语言源程序的结构特点与书写规则。

（4）掌握 C 语言源程序的建立、编辑、修改、保存、编译和运行。

（5）基本掌握输入、输出函数 scanf()和 printf()的简单使用方法。

2. 实训内容

（1）了解 Microsoft Visual C++ 6.0 软件的安装过程。

（2）了解 C 语言调试运行软件，并启动 VC 6.0 的集成环境。

（3）分析下列程序的结果，并调试运行。

```
 /*程序为求两个数的和*/
 #include < stdio.h>    /*包含输入、输出头文件*/
 void main ()
 { int a,b, sum ;
    a=23;
    b=56;
    sum=a+b;
    printf ("Sum  is %d\n", sum );
 }
```

（4）分析下列程序的结果，并调试运行。

```
/*程序为已知三边，求三角形的面积*/
#include <stdio.h>
#include <math.h>    /*头文件 math.h 中含有 sqrt()的定义*/
void main ()
{ float  a,b,c,s,area;
  a=3;
  b=4;
  c=5;
  s=(a+b+c)/2;
  area=sqrt(s*(s-a)*(s-b)*(s-c)) ;   /*sqrt()用于求一个数的平方根*/
  printf("%4.1f,%4.1f,%4.1f , The area is  %4.1f \n",a,b,c,area);
}
```

（5）编写一个程序，求 56 和 23 的差。

（6）编写一个程序，从键盘上输入华氏温度，屏幕显示对应的摄氏温度，并上机调试、运行程序。提示：华氏温度与摄氏温度的转换公式为：c=(f–32)/1.8。

3. 分析与总结

（1）试述启用 VC 6.0 调试 C 语言程序的具体步骤。

（2）写出上机调试运行程序过程中出现的问题、解决办法和体会。

项目二　认识数据类型和表达式

数据类型用于描述数据的表示形式，用来定义常量或变量允许具有何种形式的数值及可对其进行什么样的操作。本项目主要介绍基本数据类型，其他数据类型将在后续章节介绍。运算符用于描述对操作对象进行什么样的加工处理。表达式是用运算符将运算对象连接起来的式子，它的运算结果可以是值或操作。

【本项目内容】
- 常量与变量
- 数据类型
- 算术运算符和表达式

【知识教学目标】
- 了解基本数据类型及表示法
- 掌握变量定义及初始化方法
- 掌握运算符与表达式的概念
- 理解强制类型转换

【技能培养目标】
- 变量定义与赋值
- C 语言表达式

任务一　认识 C 语言的数据类型

任务要求

本任务要求认识 C 语言的数据类型。

任务实现

认识 C 语言的数据类型

C 语言提供了丰富的数据类型。其数据类型及分类关系如图 2-1 所示。

C 语言中的数据有常量数据和变量数据之分，它们分别属于上述这些类型。本章将介绍基本类型中的整型、实型和字符型三种数据类型，其他类型将在后续章节中陆续介绍。

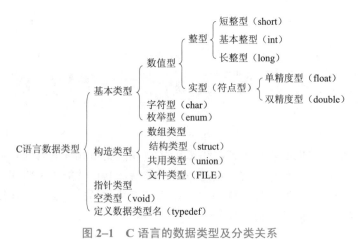

图 2-1　C 语言的数据类型及分类关系

任务二　认识 C 语言常量和变量

任务要求

本任务要求熟悉 C 语言标识符的命名规则、C 语言常量的书写和 C 语言变量的定义方法。

任务实现

一、命名标识符

1. 标识符的概念

标识符是给程序中的变量名、数组名、自定义类型名（结构类型、共用类型和枚举类型）、自定义函数、标号和文件等所起的名字。简单地说，标识符是由系统指定或由程序设计者指定的名字。

2. 标识符的命名规则

（1）字符规则：标识符是以字母或下划线开头，只能由字母、数字和下划线组成的字符序列。

例如，下面的标识符都是合法的：

sum,average,student_1,name,sex,age,lotus123,_tatol

下面的标识符都是不合法的：

a+b,234,exe-1,student 2,$ab.c,a.b.c

（2）长度规则：标识符长度随系统而异，在 TC V2.0 中，标识符的有效长度为 1～32 个字符，缺省值为 32。如果超长，则超长部分被舍弃。Visual C++ 6.0 中没有限定标识符的长度。

3. 标识符的分类

C 语言中，标识符可以分为 3 类，即关键字标识符、预定义标识符和用户自定义标识符。

1）关键字标识符

C 语言中的关键字共有 32 个，它们已有专门的含义，不能用作其他标识符。根据关键字的作用，可将其分为数据类型关键字、控制语句关键字、存储类型关键字和其他关键字四类。

- 数据类型关键字（12 个）：char、double、enum、float、int、long、short、signed、struct、union、unsigned、void。
- 控制语句关键字（12 个）：break、case、continue、default、do、else、for、goto、if、return、switch、while。
- 存储类型关键字（4 个）：auto、extern、register、static。
- 其他关键字（4 个）：const、sizeof、typedef、volatile。

2）预定义标识符

预定义标识符是指 C 语言提供的库函数名和预编译处理命令等，如 scanf、printf、include、define 等。C 语言允许将这些标识符另作他用，但这些标识符将失去系统所规定的原意。为了编程方便、可靠，防止误解，建议用户避免将这些标识符另作他用。

3）用户自定义标识符

用户在编程时，要给一些变量、函数、数组、文件等命名，将这类由用户根据需要自己定义的标识符称为用户自定义标识符。如下列程序段中的 i1、i2、max 和 score 均为用户自定义标识符。

```
int  i1,i2;                /*i1 和 i2 为变量名*/
float max(int a,int b);    /*max 为函数名*/
float score[20];           /*score 为数组名*/
```

说明：

（1）C 语言中的标识符区分英文字符大小写，即同一字母的大小写被认为是两个不同的字符。所以，在使用标识符时，务必注意大小写。习惯上，变量名和函数名中的英文字母用小写，以增加可读性。

（2）给变量命名时，应遵循"见名知意"这一基本原则。

所谓见名知意，是指通过变量名就能知道变量值的含义。通常应选择能表示数据含义的英文单词（或其缩写）或汉语拼音字头作变量名。例如，name/xm（姓名）、sex/xb（性别）、age/nl（年龄）、salary/gz（工资）等。

注意：见名知意、对齐与缩排、注释并称为良好的源程序书写风格的"三大原则"。本书始终严格遵循这三大原则来处理所有的例题，也建议读者一开始就要注意养成一个良好的程序书写风格。

二、书写 C 语言的常量

1. 常量的概念

在程序运行过程中，其值不能被改变的量称为常量。如 5、3.14、'a'、"abc123"等。

2. 常量的分类

根据常量的取值对象，C 语言将常量分为以下五种类型。

（1）整型常量。例如 16、0、−3 等。

（2）实型常量。例如 3.14159、−3.6 等。

（3）字符常量。例如 'A'、'5'、'#' 等。

（4）符号常量。例如 "#define PI 3.14159" 中的 PI 等。

（5）字符串常量。例如 "Abc" "6estghj" "45+35" 等。

常量的类型可以通过书写形式来判别。

三、定义 C 语言的变量

1. 变量的概念

在程序运行过程中，其值可以被改变的量称为变量。如 "float x,y;" 中的 x 与 y。

2. 变量的两个要素

（1）变量名。每个变量都必须有一个名字，即变量名，变量命名应遵循标识符的命名规则。

（2）变量值。在程序运行过程中，变量值存储在内存中；不同类型的变量，占用的内存单元（字节）数不同。在程序中，通过变量名来引用变量的值。

3. 变量的定义与初始化

在 C 语言中，要求对所有用到的变量必须先定义后使用；在定义变量的同时，进行赋初值的操作称为变量初始化。

1）变量定义的一般格式

[存储类型] 数据类型　变量名 1,变量名 2,…;

例如：

```
int  i,j,k;                    /*定义 i,j,k 为整型变量*/
long  m,n;                     /*定义 m,n 为长整型变量*/
float  r,l,area;               /*定义 r,l,area 为实型变量*/
char ch1,ch2;                  /*定义 ch1,ch2 为字符型变量*/
```

提高源程序可读性建议：可在分隔符逗号 "," 后面加 1 个空格。例如，将上述的变量定义语句 "float r,l,area;" 改为 "float　r,□l,□area;"。

注意：本书使用方框 "□" 符号作为空格的描述符，以下相同。

2）变量初始化的一般格式

[存储类型] 数据类型　变量名 1[=初值 1],变量名 2[=初值 2],…;

例如：

```
float  r=2.5,l,area;
```

该语句定义了 r、l、area 三个实型变量，同时初始化了变量 r。

任务三　认识 C 语言的基本数据类型

任务要求

本任务要求熟悉 C 语言的整型数据、实型数据和字符型数据。

任务实现

一、认识整型数据

（一）整型常数

1. 整型常数的三种表示形式

在 C 语言中，整型常量有三种表示形式。

（1）十进制。例如 50、–365、153、0 等。

（2）八进制（以数字 0 开头）。例如 016 和 0165 等。

（3）十六进制（以数字 0+小写字母 x 开头）。例如 0x336 和 0x2af 等。

2. 分类

（1）基本整型。在 Visual C++ 6.0 中，用 4 字节存储，其数据范围与 int 型变量一样。

（2）长整型（在数值后面加"L 或 1"）。例如 12l 和 215L 等。对超出基本整型变量的整型常量，可使用长整型常量表示，其取值范围可达 -2^{31} ～（$2^{31}-1$）。

3. 类型匹配规则

将一个整型常量赋给一个整型变量时，其数据类型的匹配规则为：一个整型常量可以赋给能容纳下其值的整型变量。

例如，其值在 -2^{15} ～（$2^{15}-1$）的整型常量，可以赋给 short 型变量、int 型变量和 long int 型变量；其值在 -2^{31} ～（$2^{31}-1$）的整型常量，只能赋给 long int 型变量。

注意：常量无 unsigned 型。但一个非负整型常量，只要它的值不超过相应变量的值域（即取值范围），也可以赋给 unsigned 型变量。

（二）整型变量

1. 分类

根据占用内存字节数的不同，整型变量可分为 4 类。

（1）短整型，类型关键字为 short [int]。

（2）基本整型，类型关键字为 int。

（3）长整型，类型关键字为 long [int]。

（4）无符号整型，类型关键字为 unsigned [int]或 unsigned short 或 unsigned long。

unsigned [int]表示无符号基本整型；unsigned short 表示无符号短整型；unsigned long 表示无符号长整型。它们只能用来存储无符号整数。

2. 占用内存字节数与值域

上述各类型的整型变量占用的内存字节数随系统而异。在 16 位操作系统（例如 DOS）中，一般用 2 字节存放一个 int 型数据；在 32 位操作系统（例如 Windows98）中，一个 int 型数据默认为 4 字节。各类整型数据的存储情况及取值范围见表2-1。

显然，不同类型的整型变量，其值域不同。占用内存字节数为 n 的（有符号）整型变量，其值域为$-2^{n \times 8-1} \sim (2^{n \times 8-1}-1)$；无符号整型变量的值域为$0 \sim (2^{n \times 8}-1)$。

例如，16 位操作系统中的一个 int 型变量，其值域为$-2^{2 \times 8-1} \sim (2^{2 \times 8-1}-1)$，即$-32\,768 \sim 32\,767$；一个 unsigned 型变量的值域为$0 \sim (2^{2 \times 8}-1)$，即$0 \sim 65\,535$。

表 2-1　各类整型数据的长度及取值范围

类型标识符	占用的字节数	取值范围
short [int]	2	$-32\,768 \sim 32\,767$
int	4	$-2\,147\,483\,648 \sim 2\,147\,483\,647$
long [int]	4	$-2\,147\,483\,648 \sim 2\,147\,483\,647$
unsigned short [int]	2	$0 \sim 65\,535$
unsigned [int]	2	$0 \sim 65\,535$
unsigned long [int]	4	$0 \sim 4\,294\,976\,295$

思考题：无符号整型变量比同类型的（有符号）整型变量的值域在正数方向上大一倍。为什么?提示：注意符号位。

二、认识实型数据

（一）实型常量

1. 表示形式

实型常量即实数，在 C 语言中又称为浮点数，其值有以下两种表达形式。

（1）十进制形式。由数字和小数点组成，例如，3.14159、9.8、-12.567 等。

（2）指数形式。一般格式为：尾数 E（e）整型指数。例如，3.05E+5、-1.2342e-12 等。

用指数形式表示实型数据时，在 C 语言中有如下语法规定。

（1）字母 e 或 E 之前必须要有数字。

（2）字母 e 或 E 之后的指数必须为整型。

（3）在字母 e 或 E 的前后及数字之间不得插入空格。

例如，e6、-2.432E0.5、5.234125e（3+6）、.e5、2.543 543E13 等都是不合法的指数形式。

2. 关于类型

实型常量不分 float 型和 double 型。一个实型常量，可以赋给一个实型变量（float 型或

double 型）。

例如：float a,b=3.13145;
double x,y=-4.6456;

（二）实型变量

C 语言的实型变量分为单精度型（float）和双精度型（double）两种。
实型变量的存储长度、取值范围和精度见表 2–2。

表 2–2　实型数据的长度及取值范围

类型标识符	占用的字节数	取值范围	精　度/位
float	4	$\pm（3.4\times10^{-38}\sim3.4\times10^{+38}）$	6
double	8	$\pm（1.7\times10^{-308}\sim1.7\times10^{+308}）$	16

C 语言提供了一个测试某一种类型数据所占存储空间长度的运算符——sizeof。它的格式为：
sizeof（类型标识符）。
例如，sizeof（int）的值为 2，sizeof（float）的值为 4。

三、认识字符型数据

（一）字符常量

1. 字符常量的定义

用一对单引号括起来的单个字符称为字符常量。例如，'A'、'6'、'+'等。

2. 转义字符

C 语言还允许使用一种特殊形式的字符常量，即以反斜杠"\"开头的转义字符，该形式将反斜杠后面的字符转变成另外的意义，因而称为转义字符。

常用的转义字符见表 2–3。其中最常用的莫过于"\n"（换行）；另外，"\xhh"（小写字母 x 后跟 1～2 位十六进制数）用于输入 ASCII 码表（附录 A）中的控制字符和扩展字符等（对于可打印字符，直接使用即可）。

表 2–3　常用的转义字符

转义字符形式	功　　能
\n	换行
\t	横向跳格
\v	竖向跳格
\b	退格
\r	回车
\f	走纸换页
\\	反斜杠字符"\"

续表

转义字符形式	功　　能
\'	单引号（单撇号）字符
\"	双引号（双撇号）字符
\a	响铃
\0	字符串结束符，其 ASCII 编码值为零，表示空操作
\ddd	1～3 位八进制数所代表的字符
\xhh	1～2 位十六进制数所代表的字符

注意：在程序中，转义字符作为字符常量，必须用单撇号括起来，例如 c='\n'.

【例 2.1】转义字符的输出。

```
/*程序功能：用转义字符输出可打印字符和不可打印字符*/
main()
{printf("\x4F\x4B\x21\n");              /*等价于printf("OK!\n"); */
 printf("\101\x62\n");
}
```

程序运行结果如下：

OK!

Ab

思考题：如果去掉本例第一条语句中的转义字符"\n"，运行结果会如何?如果去掉本例第二条语句中的转义字符"\101"，运行结果又会如何？（请上机验证你的结论）

（二）字符型变量

字符变量的类型关键字为 char，占 1 字节内存单元。

1. 字符变量值的存储

字符变量用来存储字符常量。将一个字符常量存储到一个字符变量中，实际上是将该字符的 ASCII 码值（无符号正数）存储到内存单元中。

例如：

```
char ch1,ch2;                    /*定义两个字符变量：ch1,ch2*/
ch1='a';ch2='b';                 /*给字符变量赋值*/
```

小写字母 a 和 b 的 ASCII 码值分别为 97 和 98，在内存中，字符变量 ch1 和 ch2 的值如图 2–2 所示（图 2–2（a）为十进制形式，图 2–2（b）为二进制形式）。

图 2–2　字符变量 ch1 和 ch2 在内存中的存储

（a）十进制形式；（b）二进制形式

2. 特性

字符数据在内存中存储的是字符的 ASCII 码值——一个无符号整数，其形式与整数的存储形式一样（如图 2–2 所示），所以 C 语言允许字符型数据与整型数据之间通用。

（1）一个字符型数据，既可以以字符形式输出，也可以以整数形式输出。

【例 2.2】字符变量的字符形式输出和整数形式输出。

```
/*程序功能：用字符形式和整数形式输出字符变量*/
void main()
    {char ch1,ch2;
     ch1='A';ch2='a';
     printf("ch1=%c,ch2=%c\n",ch1,ch2);
     printf("ch1=%d,ch2=%d\n",ch1,ch2);
    }
```

程序运行结果：

```
    ch1=A,ch2=a
    ch1=65,ch2=97
```

（2）允许对字符数据进行算术运算，此时就是对它们的 ASCII 码值进行算术运算。

【例 2.3】字符数据的算术运算。

```
/*程序功能：字符数据的算术运算*/
void main()
{ char ch1,ch2;
    ch1='a';ch2='B';
    /*字母的大小写转换：小写字母-32 转换为大写字母，大写字母+32 转换为小写字母*/
    printf("ch1=%c, ch2=%c\n", ch1-32, ch2+32);
    /*用字符形式输出一个大于 256 的数值*/
    printf("ch1+200=%d\n",ch1+200);
    printf("ch1+200=%c\n",ch1+200);
    printf("ch2+256=%d\n",ch2+256);
    printf("ch2+256=%c\n",ch2+256);
}
```

程序运行结果：

```
    ch1=A,ch2=b
    ch1+200=297
    ch1+200=)
    ch2+256=322
    ch2+256=B
```

思考题：用字符形式输出一个大于 256 的数值，会得到什么结果？请读者在上机时，自行设计若干实例，验证自己的结论。

（三）字符串常量

1. 字符串常量的概念和字符串长度

字符串常量是用一对双撇号括起来的若干字符序列。字符串中所含字符的个数称为串长度。长度为 0 的字符串（即一个字符都没有的字符串）称为空字符串（简称空串），表示为""（一对紧连的双撇号）。

例如，"How do you do"，"Good morning"等，都是字符串常量，其长度分别为 14 和 13（空格也是一个字符）。

如果反斜杠和双撇号作为字符串中的有效字符，则必须使用转义字符。例如，C:\msdos\v6.22 应表示为 C:\\msdos\\v6.22；I say:"Good bye!"应表示为 I say:\"Good bye!\"。

2. 字符串的存储

C 语言规定：在存储字符串常量时，由系统在字符串的末尾自动加一个 '\0' 作为字符串的结束标志。

注意：在源程序中书写字符串常量时，不必加结束字符'\0'，系统会自动加上。

如果有一个字符串为 CHINA，则它在内存中的实际存储如下。

C	H	I	N	A	\0

最后一个字符'\0'是系统自动加上的。

字符常量'A'与字符串常量"A"的区别如下。

（1）定界符不同：字符常量使用单引号，而字符串常量使用双引号。

（2）长度不同：字符常量的长度固定为 1，而字符串常量的长度可以是 0，也可以是某个整数。

（3）存储要求不同：字符常量存储的是字符的 ASCII 码值，而字符串常量除了要存储有效的字符外，还要存储一个结束标志'\0'。

另外，在 C 语言中，没有专门的字符串变量，字符串常量如果需要存储在变量中，要用字符数组来解决。

任务四　认识 C 语言的表达式

C 语言运算符的范围很广，除控制语句和输入/输出函数外，其他所有的基本操作都作为运算符处理。用运算符和括号将运算对象（常量、变量和函数等）连接起来的，符合 C 语言语法规则的式子，称为表达式。

单个常量、变量或函数可以看作是表达式的一种特例。将单个常量、变量或函数构成的表达式称为简单表达式，其他表达式称为复杂表达式。

任务要求

本任务要求认识 C 语言中常用的一些表达式并学会计算。

任务实现

一、计算算术表达式

（一）算术运算符

基本算术运算符有五种：+（加法）、－（减法）、*（乘法）、/（除法）、%（求余数）。

其中，+（加法）、－（减法）、*（乘法）三种运算符的运算规律与数学中的运算规律一致。下面着重介绍/（除法）和%（求余数）两种运算符的运算规律。

1）关于除法运算"/"

C 语言规定：两个整数相除，其商为整数，小数部分舍弃。例如，10/3=3，3/5=0。如果相除的两个数中至少有一个是实型，则结果为实型。例如，10.0/3=3.333333，3/5.0=0.6。

如果商为负值，则取整的方向随系统而异。但大多数系统采取"向零取整"原则，即取整后向零靠拢，换句话说，取其整数部分。例如，–5/3= –1。

2）关于求余数运算"%"

C 语言规定：求余数运算"%"要求两侧的操作数均为整型数据，否则就会出错。两个整数相除求余数，其余数为整数，例如，5%2=1，3%7=3。

3）运算符的优先级和结合性

C 语言规定了运算符的优先级和结合性。所谓结合性，是指当一个操作数两侧的运算符具有相同的优先级时，该操作数是先与左边的运算符结合，还是先与右边的运算符结合。自左至右的结合方向称为左结合性；反之，称为右结合性。结合性是 C 语言的独有概念，附录 B 列出了所有运算符的优先级和结合性。其中，除单目运算符、条件运算符和赋值运算符是右结合性外，其他运算符都是左结合性。

（二）计算算术运算符

1. 算术表达式的概念

所谓算术表达式，是指表达式中的运算符都是算术运算符。

例如，3+6*9，(x+y)/2–1，sin(x)–0.5 等都是算术表达式。

2. 表达式求值

表达式求值的规则如下。

（1）按运算符的优先级高低次序执行。例如，先乘除后加减。

（2）如果在一个运算对象（或称操作数）两侧的运算符的优先级相同，则按 C 语言规定的结合方向（结合性）进行。

例如，算术运算符的结合方向是"自左至右"，即在执行"a–b+c"时，变量 b 先与减号结合，执行"a–b"；然后再执行加 c 的运算。

3. 数据类型转换

在 C 语言中，整型、实型和字符型数据可以混合运算（因为字符型数据与整型数据可以通用）。

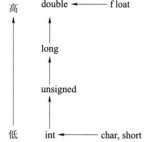

图 2-3　数据类型转换规则

如果一个运算符两侧的操作数的数据类型不同，则系统按"先转换，后运算"的原则，首先将数据自动转换成同一类型，然后在同一类型数据间进行运算。

数据类型的转换规则如图 2-3 所示。

说明：

（1）横向向左的箭头表示必须的转换。

char 和 short 型必需转换成 int 型，float 型必须转换成 double 型。

（2）纵向向上的箭头表示不同类型的转换方向。

例如，int 型与 double 型数据进行混合运算，则先将 int 型数据转换成 double 型，然后在两个同类型的数据间进行运算，结果为 double 型。

注意：箭头方向只表示数据类型由低到高转换，不要理解为 int 型先转换成 unsigned 型，再转换成 long 型，最后转换成 double 型。

除自动转换外，C 语言也允许强制转换。数据类型强制转换的一般格式为：

(要转换成的数据类型)(被转换的表达式)

其中，当被转换的表达式是一个简单表达式时，外面的一对圆括号可以省略。

例如：(double)a　（等价于(double)(a)）　　　/*将变量 a 的值转换成 double 型*/

(int)(x+y)　　　　　　　　　　　　　/*将 x+y 的结果转换成 int 型*/

(float)5/2　（等价于(float)(5)/2）　　/*将 5 转换成实型，再除以 2（=2.5）*/

(float)(5/2)　　　　　　　　　　　　/*将 5 除以 2 的结果转换成实型（2.0）*/

注意：强制转换类型得到的是一个所需类型的中间量，原表达式类型并不发生变化。例如，（double)a 只是将变量 a 的值转换成一个 double 型的中间量，其数据类型并未转换成 double 型。

二、计算赋值表达式

1. 赋值运算符

赋值符号"="就是赋值运算符，它的作用是将一个表达式的值赋给一个变量。

赋值运算符的一般形式为：

变量=表达式

例如：

```
int x=5;              /*将 5 赋给变量 x*/
float y,z;
y=(float)5/2;         /*将表达式的值（2.5）赋给变量 y*/
z=x*y+2;              /*将表达式 x*y+2 的值（14.5）赋给变量 z*/
```

赋值运算的执行过程为：先计算赋值符号右端表达式的值，然后将运算结果赋给左端变量。当表达式值的类型与被赋值变量的类型不一致，但都是数值型或字符型时，系统会自动地将表达式的值转换成被赋值变量的数据类型，然后再赋给变量。

赋值运算符的优先级低于算术运算符，其结合性为右结合。

注意：被赋值的变量必须是单个变量，并且必须在赋值运算符的左边。

思考题：假设变量 num 的数据类型为 float，其值为 5.2，则执行 "num=（int）num" 后 num 的值等于多少？

2. 复合赋值运算符

复合赋值运算是 C 语言特有的一种运算，复合赋值运算符是在赋值运算符之前再加一个双目运算符构成的。

复合赋值运算的一般格式为：

变量　双目运算符=表达式

它等价于：变量=(变量 双目运算符 表达式)。当表达式为简单表达式时，表达式外的一对圆括号才可以省略，否则可能出错。

例如：

```
x+=5                    /*等价于 x=x+5*/
y*=x+3                  /*等价于 y=y*（x+3）,而不是 y=y*x+3*/
```

C 语言规定的 10 种复合赋值运算符如下：

```
+=,-=,*=,/=,%=,;         /*复合算术运算符（5 个）*/
~=,^=,|=,<<=,>>=;        /*复合位运算符（5 个）*/
```

3. 计算赋值表达式

由赋值运算符或复合赋值运算符将一个变量和一个表达式连接起来的表达式，称为赋值表达式。

赋值表达式一般格式为：

$$变量=表达式$$

或

$$变量(复合赋值运算符)表达式$$

如 x=8 与 y+=x*2。

任何一个表达式都有一个值，赋值表达式也不例外。C 语言规定，被赋值变量的值就是赋值表达式的值。

例如，"a=5" 这个赋值表达式，变量 a 的值 "5" 就是赋值表达式 a=5 的值。

注意：将赋值运算作为表达式，并且允许出现在其他语句（如循环语句）中，这是 C 语言灵活性的一种表现。

三、计算自增、自减表达式

自增运算是将单个变量的值增 1，自减运算是将单个变量的值减 1。

自增、自减运算符都有以下两种用法。

（1）前置运算——运算符放在变量之前：++变量，−−变量。如++i，−−j。它先使变量的值增（或减）1，再以变化后的值参与其他运算，即先自增（或先自减）后运算。

（2）后置运算——运算符放在变量之后：变量++，变量−−。如 i++，j−−。它使变量先参与其他运算，再使变量的值增（或减）1，即先运算后自增（或后自减）。

【例2.4】自增、自减运算符的用法与运算规则示例。

```
/*程序功能：自增、自减运算符的用法与运算规则示例*/
main()
  {int  x=6,y;
  printf("x=%d\n",x);            /*输出 x 的初值*/
  y=++x;                         /*前置运算:x 先增 1（=7），再赋值给 y（=7）*/
printf("x=%d,y=%d\n",x,y);
x=6;
y=x--;        /*后置运算:先将 x 的值（=6）赋给 y（=6），然后 x 再减 1（=5）*/
printf("x=%d,y=%d\n",x,y);
}
```

程序运行结果：

```
x=6
x=7,y=7
x=5,y=6
```

思考题：如果将例 2.4 "y=++x;" 语句中的前置运算改为后置（y=x++;），"y=x--;"语句中的后置运算改为前置（y=--x;），程序运行结果会如何？

说明：

（1）自增、自减运算常用于循环语句及指针变量中，它使循环控制变量加（或减）1，使指针指向下（或上）一个地址。

（2）自增、自减运算符不能用于常量和表达式。例如，5++，--（a+b）等都是非法的。

（3）在表达式中，同一变量进行自增自减运算时，很容易出错，所以最好避免这种用法。例如，表达式（x++）+（x++）+（x++）的值等于多少（假设 x =3）？有人认为相当于 3+4+5=12。事实上，在 TC 和 MSC 系统下，该表达式为 9：先把变量的初值（x=3）取出来，作为表达式（x++）的值，执行两次加法得 9（即 3+3+3=9）；然后，再执行变量 x 的自增运算 3 次，所以变量 x 的值为 6。显然，想象的与实际的大相径庭，所以，最好避免使用这类用法。

四、计算逗号表达式

C 语言提供一种逗号运算符 ","。逗号运算符又称顺序求值运算符。它的一般形式为：

表达式 1,表达式 2,…,表达式 n

其求解过程是自左至右，依次计算各表达式的值。

用逗号运算符 "," 将表达式连接起来的式子，称为逗号表达式，而 "表达式 n" 的值即为整个逗号表达式的值。

例如，求解逗号表达式 "a=3*5,a*4" 的值：先求解 a=3*5，得 a=15；再求 a*4=60，所以逗号表达式的值为 60。

又如，求解逗号表达式 "(a=3*5,a*4),a+5" 的值，先求解 a =3*5，得 a=15；再求 a*4=60；最后求解 a+5=20，所以逗号表达式的值为 20。

注意：并不是任何地方出现的逗号，都是逗号运算符，在很多情况下，逗号仅用作分割符。

项 目 小 结

本项目主要介绍 C 语言中的常量、变量、运算符及表达式等基本概念，以及数据类型中最基本的整型、实型、字符型定义和使用规则。要求在掌握基本概念和基本数据类型使用方法的基础上注意以下 5 个方面的问题。

（1）C 语言中的常量：① 数值型（整型、实型）；② 符号常量；③ 字符常量（字符常量、转义字符常量）；④ 字符串常量。学习时应注意各种类型常量的表示方法及它们之间的区别和联系。

（2）C 语言中变量的 3 个基本要素（即变量类型、变量名和变量值）。变量在使用时必须"先定义后使用"。例如，程序 1 运行时由于 b，c 没有先定义，而"int a=b=c=5;"语句只定义了变量 a。程序 2 就是一个正确程序。

程序 1：
```
void main()
{ int  a=b=c=5;  /*出错! 变量 b, c 未定义*/
  printf("a=%d,b=%d,c=%d",a,b,c);
}
```

程序 2：
```
void main()
{ int  b,c;  /*先定义 b, c*/
  int  a=b=c=5;  /*再定义 a,且同时给 a,b,c 变量赋值*/
  printf("a=%d,b=%d,c=%d",a,b,c);
}
```

（3）C 语言所涉及的其他类型将在以后章节中进一步介绍，C 语言的数据类型如图 2–1 所示。

（4）C 语言中不同类型数据间的转换有三种方法。

① 赋值运算符对数据类型的转换。

② 强制性数据类型转换。

③ 利用 C 语言提供的标准函数进行类型转换。

常见数据转换函数及其用途见表 2–4。

表 2–4　常见的数据转换函数及其用途

函　数	用　途
atof()	将字符串转换为浮点数
atoi()	将字符串转换为整数
atol()	将字符串转换为长整型数
gcvt()	将双精度浮点数转换为字符串

续表

函　数	用　　途
itoa()	将整数转换为字符串
ltoa()	将长整型数转换为字符串
strtod()	将字符串转换为双精度浮点数
strtol()	将字符串转换为长整型数
strtoul()	将字符串转换为无符号长整型数
ultoa()	将无符号长整型数转换为字符串

（5）在对概念和例题理解的基础上，掌握算术运算符和算术表达式运算规则，并能在以后的编程中灵活应用。赋值运算（简单、复合、自增和自减运算）和逗号运算贯穿了整个 C 程序设计的过程，因而要求能熟练掌握这些内容。在学习过程中要注重程序的调试和"举一反三"，为以后进一步学习程序设计打下良好的基础。

项目学习评价

序号	评价内容	评价要素	自我评价	教师评价	反思：学习过程中目标的完成情况如何？遇到了哪些困难？采取了什么样的解决方式？
1	学习态度	主动学习知识内容			
		独立完成工作任务			
		积极探索拓展内容			
2	基础知识	了解基本数据类型及初始化方法			
		掌握运算符与表达式的概念			
		理解强制类型转换			
3	基本技能	掌握变量定义预赋值			
		熟悉 C 语言表达式			
4	拓展应用	编写程序：计算从键盘输入的任意两个正整数的平方的和			

注：评价档次采用 A（优秀）、B（良好）、C（合格）、D（不合格）四个水平。

习题与实训 <<<

一、单项选择题

1. 下列选项中，合法的 C 语言关键字是（　　）。

   A. VAR   B. cher   C. integer   D. float

2. 以下所列的 C 语言常量中，错误的是（　　）。

   A. 0xFF   B. 1.2e0.5   C. 2L   D. '\72'

3. 以下变量 x，y，t 均为 double 类型且已正确赋值，不能正确表示数学式 $\dfrac{x}{y \times z}$ 的 C 语言表达式是（　　）。

   A. x/y*z   B. x*(1/(y*z))   C. x/y*1/z   D. x/y/z

4. 如下程序：

```
void main()
  {
   int  y=3,x=3,z=1;
   printf("%d  %d\n",(++x+y++),z+2);
  }
```

   运行该程序的输出结果是（　　）。

   A. 5 3   B. 4 3   C. 7 3   D. 6 3

5. 若已正确定义 x 和 y 为 double 类型，则表达式 x=1，y=x+3/2 的值是（　　）。

   A. 1   B. 2   C. 2.0   D. 2.5

6. 在 C 语言中，运算对象必须是整型的运算符是（　　）。

   A. %=   B. /   C. =   D. *

7. 设有"int x=11;"，则表达式（x++*1/3）的值是（　　）。

   A. 3   B. 4   C. 11   D. 12

8. 设 x 和 y 均为 int 型变量，则语句"x+=y; y=x-y; x-=y;"的功能是（　　）。

   A. 把 x 和 y 按从大到小排列   B. 把 x 和 y 按从小到大排列

   C. 无确定的结果   D. 交换 x 和 y 中的值

9. 若有以下定义：

```
char  a;   int   b;
float  c;   double  d;
```

   则表达式 a*b+d-c 值的类型为（　　）。

   A. int   B. char   C. double   D. float

10. 下列可作为 C 语言赋值语句的是（　　）。

   A. x=3,y=5   B. int a=b=6   C. i+1;   D. y=int(x)

二、填空题

1. 设 a，b，c 为整数，且 a=2，b=3，c=4，则执行完语句"a*=16+(b++)-(++c);"后，a 的值是＿＿＿＿＿＿＿。

2. 数学式 $\sin^2 x \times \dfrac{a+b}{a-b}$ 写成 C 语言表达式是_____。

3. 下列程序的输出结果是 16.00，请填空。

```
void main()
{
    int a=9,b=2;
    float  x=____,y=1.1,z;
    z=a/2+b*x/y+1/2;
    printf("%5.2f\n",z);
}
```

三、应用题

1. 字符常量和字符串常量有什么区别？

2. 写出下面表达式运算后 a 的值。设原来 a=12，a 和 n 都已定义为整型变量。

（1）a+=a;　　　　　　　　　　（2）a-=2;

（3）a*=2+3;　　　　　　　　　（4）a/=a+a;

（5）a%=(n%=2),n 的值等于 5;　　（6）a+=a-=a*=a;

3. 写出下面程序运行的结果。

```
void main()
{
    int i, j, m, n;
    i=8;
    j=10;
    m=++i;
    n=j++;
    printf("%d, %d, %d, %d",i,j,m,n);
}
```

4. 从键盘上输入 2 个 int 型数据，比较其大小，并输出其中较小的数。

5. 编程实现输入 km 数，输出其英里数。已知：1 英里=1.609 34 km。

6. 从键盘上输入任意一个 float 型的数据，然后将该数保留两位小数输出。

7. 从键盘上输入任意一个小写字母，然后将该字符转换为对应大写字母输出，并同时输出该字母的 ASCII 码值。

四、实训题

1. 实训要求

（1）进一步掌握 VC 6.0 集成开发环境的使用。

（2）初步了解 C 语言程序的调试过程和调试方法。

（3）掌握 C 语言各种基本数据类型的定义方法。

（4）掌握 C 语言中常用运算符的功能和使用方法。

（5）初步了解运算符的优先级别和结合性。

2. 实训内容

（1）编程：利用 sizeof()函数，计算 C 语言各种数据类型在 VC6.0 开发环境下所占用的存储空间大小。

（2）编程：利用函数 sqrt()，求从键盘输入的任意正整数的平方根。

（3）输入下列源代码，改正其中存在的错误，使其通过调试，记录正常运行结果。

```
#include "sdtio.h";
void mian()
{ int  y;m;d;
  printf("请输入三个整数：",y,m,d);
  scanf("%d%d%d",yy,mm,dd);
  printf("这三个整数是：%d, %d, %d\n",yy,mm,dd);
}
```

3．分析与总结

（1）说明各类数据的取值范围。

（2）试列出常用的几种运算符的优先级别与结合方向。

第二部分

语言设计知识

项目三 设计顺序结构程序

C 语言是一种结构化程序设计语言,顺序结构程序设计是一种最基本、最简单的程序设计结构,只要按照执行顺序,依据语法写出相应的语句即可。

【本项目内容】
- 算法的描述
- 数据的输入/输出
- 顺序结构程序举例

【知识教学目标】
- 算法的概念与表示方法
- 格式化输出 printf()函数
- 格式化输入 scanf()函数
- 单个字符的输入/输出:getchar()函数和 putchar()函数
- 顺序结构程序设计

【技能培养目标】
- 数据的格式输入与输出
- 简单顺序结构程序设计

任务一 了解程序算法

任务要求

本任务要求了解算法的概念和特征,对算法有初步了解。

任务实现

一、了解算法的概念

简单地说,程序的功能就是进行数据加工。程序通常包括两方面的内容:对数据的描述和对加工的描述。对数据的描述称为数据结构,对加工的描述称为算法。广义地说,为解决某一个问题而采取的方法和步骤,就称为算法。在计算机科学中,算法则是指描述用计算机解决给定问题的过程。例如,计算 1+2+3+⋯+1 000 的算法可表示为:

步骤 1:0 => s
步骤 2:1 => i

步骤 3：s+i => s

步骤 4：i+1 => i

步骤 5：如果 i≤1 000，转到步骤 3，否则，结束。

在上面的算法中，符号 s 和 i 表示变量，符号"=>"表示给变量赋值。步骤 1 和步骤 2 表示给变量 s 和 i 赋初值 0 和 1；步骤 3 将变量 i 的当前值累加到变量 s 中；步骤 4 使变量 i 在原值的基础上增加 1；步骤 5 判断 i 的值如果小于等于 1 000，重复做步骤 3 和步骤 4，构成一个循环，而当 i 的值不小于等于 1 000 的时候，循环结束，这时，变量 s 的值就是要求的计算结果。

二、了解算法的特征

通常，一个算法必须具备以下五个基本特征。

（1）有穷性。一个算法必须在它所涉及的每一种情形下都能在执行有限次的操作之后结束。

（2）确定性。算法的每一步，其顺序和内容都必须严格定义，而不能有任何的歧义。

（3）有零个或多个输入。输入是算法实施前需要从外界取得的信息，有些算法需要有多个输入，而有一些算法不需要输入，即零个输入。

（4）有一个或多个输出。输出就是算法实施后得到的结果，显然，没有输出的算法是没有意义的。

（5）可行性。算法的每一步都必须是可行的，也就是说，能够由计算机执行的。

三、掌握算法的描述方法

1. 用自然语言描述

自然语言就是人们日常使用的语言，"一、了解算法的概念"中的算法就是用自然语言描述的。用自然语言表示算法，通俗易懂。但是，自然语言表示的含义往往不太严格，要根据上下文才能判断它的正确含义。另外，用自然语言描述分支和循环很不方便。因此，除对简单的问题使用以外，一般不用自然语言描述算法。

2. 用流程图描述

传统的流程图由如图 3–1 所示的几种基本元素组成。

| 起止框 | 输入/输出框 | 处理框 | 判断框 | 流程线 |

图 3–1　流程图基本元素

用流程图描述算法，形象直观，简单方便。例如，"一、了解算法的概念"中的算法用流程图可表示为如图 3–2 所示的算法流程图。

3. 用 N–S 流程图描述算法

传统的流程图用流程线和流程元素表示各个处理的执行顺序，但对流程线的使用没有严格的规定，因此，使用者可以不受限制地使流程转来转去，这样的流程图使人难以理解算法

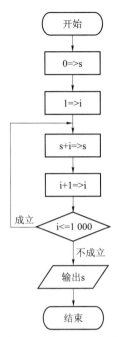

图 3-2 计算 1+2+3+…+1 000 的算法流程图

的逻辑。为了解决这个问题，规定了算法的三种基本结构：顺序结构、分支结构和循环结构，用这些基本结构按一定的规律组成一个算法，这样的算法称为结构化算法。1973 年，美国学者 I.Nassi 和 B.Shneiderman 提出一种新的流程图，称为 N-S 流程图。N-S 流程图的基本符号如图 3-3 所示。

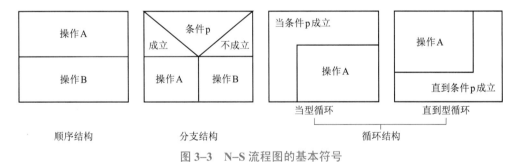

图 3-3 N-S 流程图的基本符号

"一、了解算法的概念"中的算法用 N-S 流程图描述如图 3-4 所示。

计算 1+2+3+…+1 000 的源程序如下：

```
void main()
{
  int i,s;
  s=0;
  i=1;
a:s=s+i;                        /*表示标号为 a 的语句*/
  i=i+1;
```

```
    if(i<=1000) goto a;            /*表示若 i<=1 000 成立，则转向标号为 a 的语句执行*/
    printf("s=%d\n",s);
}
```

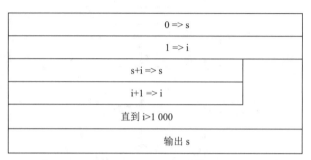

图 3-4　计算 1+2+3+…+1 000 算法的 N-S 图

四、结构化程序设计方法

结构化程序设计强调程序设计风格和程序结构的规范化，提倡清晰的结构。结构化程序设计的基本思路是，把一个复杂问题的解决过程分阶段进行，每一个阶段处理的问题都控制在人们容易理解和处理的范围内。具体一点来说，就是在分析问题时采用"自顶向下，逐步细化"的方法；设计解决方案时采用"模块化设计"方法；编写程序时采用"结构化编码"方法。

"自顶向下，逐步细化"是对问题的解决过程逐步具体化的一种思想方法。例如，要在一组数中找出其中的最大数，首先，可以把问题的解决过程描述为：

（1）输入一组数。

（2）找出其中的最大数。

（3）输出最大数。

以上三条中，第（1）、（3）两步比较简单，对第（2）步可以进一步细化：

① 任取一数，假设它就是最大数。

② 将该数与其余各数逐一比较。

③ 若发现有任何数大于假设的最大数，则取而代之。

再对以上过程进一步具体化，得到如下算法：

（1）输入一组数。

（2）找出其中的最大数。

① 令 max＝第一个数。

② 对第二个数到最后一个数的每一个数 x 依次取出。

③ 如果 x>max，则令 max＝x。

（3）输出 max。

"模块化设计"就是将比较复杂的任务分解成若干个子任务，每个子任务又分解成若干个小子任务，每个小子任务只完成一项简单的功能。在程序设计时，用一个个小模块来实现这些功能，每个小模块对应一个相对独立的子程序。对程序设计人员来说，编写程序也就变得不再困难。同时，同一软件也可以由一组人员同时编写，分别进行调试，这就大大提高了程序开发的效益。

"结构化编码"指的是使用支持结构化方法的高级语言编写程序。C 语言就是一种支持结构化程序设计的高级语言，它直接提供了三种基本结构的语句；提供了定义"函数"的功能，函数相当于独立的子程序；另外，还提供了丰富的数据类型，这些都为结构化设计提供了有力的工具。

任务二　掌握格式化输出/输入

任务要求

本任务要求掌握 C 语言的表达式语句、程序的输入/输出格式。

相关知识

认识 C 语言语句

C 语言程序是由函数构成的，而函数又是由函数说明和函数体两部分组成的，其中函数体是函数的核心。与其他高级语言一样，C 语言也是利用函数体中的可执行语句向计算机系统发出操作命令。

按照语句功能或构成的不同，可将 C 语言语句分为五类。

1. 控制语句

控制语句完成一定的控制功能。C 语言只有 9 条控制语句，又可细分为三种：

（1）选择结构控制语句：if()··· else··· ,switch()···。

（2）循环结构控制语句：Do···while(),for()···,while()···,break,continue。

（3）其他控制语句：goto, return。

2. 函数调用语句

函数调用语句由一次函数调用加一个分号（语句结束标志）构成。例如：

```
printf("This is a C Program.");
```

3. 表达式语句

表达式语句由表达式后加一个分号构成。

表达式能构成语句，是 C 语言的一大特色。最典型的表达式语句是在赋值表达式后加一个分号构成的赋值语句。例如，"num=5"是一个赋值表达式，而"num=5;"却是一个赋值语句。

4. 空语句

空语句仅由一个分号构成。例如，";"就是一个空语句。显然，空语句什么操作也不执行。

5. 复合语句

复合语句由大括号括起来的一组（也可以是一条）语句构成。例如：

```
void main()
{
  ⋮
  {
    int a=1,b;
    b=a*a-1;                          复合语句
    printf("%d",b);
  }                          /*注意：右边的大括号后不需要分号*/
  ⋮
}
```

说明：

（1）在语法上，复合语句和简单语句相同，即简单语句可以出现的地方都可以使用复合语句。

（2）复合语句可以嵌套，即复合语句中也可包含一个或多个复合语句。

任务实现

一、掌握输出函数 printf()

程序运行中，有时需要从外部设备（例如键盘）上得到一些原始数据，程序计算结束后，通常要把计算结果发送到外部设备（例如显示器）上，以便人们对结果进行分析。用程序从外部设备上获得数据的操作称为"输入"，而用程序发送数据到外部设备的操作称为"输出"。不像其他的高级语言，C 语言没有专门的输入/输出语句，输入/输出的操作是通过调用 C 语言的库函数来实现的。printf()函数是最常用的输出函数，它的作用是向计算机系统默认的输出设备（一般指显示器）输出一个或多个任意指定类型的数据。

（一）printf( )函数的一般格式

【例 3.1】printf()函数的各种常见使用方法示例。

```
#include <stdio.h>
void main()
{
  char c;
  int a=1234;
  float f=3.141592653589;
  double x=0.12345678987654321;
  c='\x41';
  printf("a=%d\n", a);                /*结果输出十进制整数 a=1234*/
```

```
        printf("a=%6d\n", a);              /*结果输出 6 位十进制数 a= □ □1234*/
        printf("a=%06d\n", a);             /*结果输出 6 位十进制数 a=001234*/
        printf("a=%2d\n", a);              /*a 超过 2 位, 按实际值输出 a=1234*/
        printf("f=%f\n", f);               /*输出浮点数 f=3.141593*/
        printf("f=%6.4f\n", f);            /*输出 6 位,其中小数点后4位的浮点数 f=3.1416*/
        printf("x=%lf\n", x);              /*输出长浮点数 x=0.123457*/
        printf("x=%18.16lf\n", x);
                                           /*输出 18 位, 其中小数点后 16 位的长浮点数
                                              x=0.1234567898765432*/
        printf("c=%c\n", c);               /*输出字符 c=A*/
        printf("c=%x\n", c);               /*按十六进制输出字符的 ASCII 码值 c=41*/
    printf("End");                         /*原样输出 End*/
    }
```

例 3.1 中第一条语句#include <stdio.h>的含义是调用另一个文件 stdio.h,这是一个头文件,其中包括全部标准输入/输出库函数的数据类型定义和函数说明。C 语言对每个库函数使用的变量及函数类型都已做了定义与说明,放在相应头文件 "*.h" 中, 当用户用到这些函数时,必须要用#include <*.h>或#include "*. h" 命令调用相应的头文件,以供连接。若没有用此语句说明,则连接时将会出现错误。考虑到 printf()和 scanf()函数使用频繁,系统允许在使用这两个函数时不加#include <stdio.h>命令行。

调用 printf()函数的一般格式为:

        printf("格式字符串", [输出项表]);

其中,"格式化字符串"是由控制输出格式的字符组成的字符串。输出项表是用逗号分隔的若干个表达式。C 语言系统将按照自右向左的顺序,依次计算"输出项表"中诸表达式的值,然后按照"格式化字符串"中规定的格式输出到显示器上显示。函数返回值为返回输出数据的个数。例如:

```
printf("radius=%f\nlength=%7.2f,area=%7.2f\n", r, l, a);
```

格式字符串也称格式控制字符串或格式转换字符串,其中可包含下列三种字符。

(1)格式指示符:例如 "%d" "%lf" "%7.2f" 等,这些字符用来控制数据的输出格式。

(2)转义字符:这些字符通常用来控制光标的位置。

(3)普通字符:除格式指示符和转义字符之外的其他字符,这些字符输出时,按照原样输出,例如上面例子中的 "radius=" 等。

输出项表由若干个输出项构成,输出项之间用逗号来分隔,每个输出项既可以是常量、变量,也可以是表达式。调用 printf()函数时,也可以没有输出项,在这种情况下,一般用来输出一些提示信息,例如:

```
printf ("Hello, world!\n");
```

(二)printf()函数格式字符

格式指示符的一般形式为:

        %[修饰符]格式字符

其中，修饰符与格式字符的具体用法如下。

1. 格式字符

printf 函数中常用的格式字符见表 3-1。

表 3-1　常用的格式字符

格式字符	说　明	举　例	输出结果
d	带符号十进制整数格式	printf("%d", 10);	10
		printf("%d", 'A');	65
u	无符号十进制整数格式	printf("%u", 10);	10
		printf("%u", 'A');	65
x 或 X	无符号十六进制整数格式	printf("%x", 10);	a
		printf("%x", 'A');	41
		printf("%X",10);	A
o	无符号八进制整数格式	printf("%o", 10);	12
		printf("%o", 'A');	101
c	字符格式	printf("%c", 10);	换行
		printf("%c", 'A');	A
f	小数格式	printf("%f", 1.2345);	1.234500
e 或 E	指数格式	printf("%e", 123.45);	1.23450e+02
		printf("%E", 12.345);	1.23450E+01
g 或 G	小数形式或指数形式，使输出宽度最小，不输出无意义的 0	printf("%g", 1.2345);	1.2345
		printf("%g", 0.000001);	1e-06
		printf("%G", 0.000001);	1E-06
%	输出%	printf("%%");	%
s	输出字符串	printf("%s", "abcde");	abcde

2. 长度修饰符

长度修饰符"1"或"L"加在%和格式字符之间。输出长整型数据时，一定要加长度修饰符；输出短整型数据时，加的是修饰符"h"。

3. 宽度修饰符和精度修饰符

可以在%和格式字符之间加入形如"m.n"（m、n 均为整数)的修饰，其中，m 为宽度修饰符，n 为精度修饰符。宽度修饰符用来指定数据的输出宽度，精度修饰符对不同的格式字符作用不同：对于格式字符 f，用来指定输出小数位的位数；对于格式字符 e，用来指定输出有效数字的位数；对于格式字符 d，用来指定必须输出的数字的个数。相关的例子见表 3-2。

表 3-2 宽度修饰符和精度修饰符示例

输 出 语 句	输出结果（□表示空格）
printf("%5d", 42);	□□□42
printf("%5.3d", 42);	□□042
printf("%.3d", 42);	042
printf("%7.2f", 1.23456);	□□□1.23
printf("%.2f", 1.23456);	1.23
printf("%10.2e", 123.456);	□□□1.23e+002
printf("%.2e", 1.23456);	1.23e+000

4. 左对齐修饰

如果指定了宽度修饰，且指定宽度大于数据需要的实际宽度时，则在数据左边补空格，并且要补够指定的宽度，这种对齐方式称为"右对齐"，系统默认的输出为右对齐；当然，也可以在数据的右边补空格来补够指定的宽度，这种对齐方式称为"左对齐"。指定左对齐的时候，使用左对齐修饰符"−"，例如语句：

```
printf("%-7.2f\n", 1.23456);
```

输出结果为：

```
1.23□□□（右边补 3 个空格）。
```

（三）使用说明

（1）printf()函数可以输出常量、变量和表达式的值。但格式控制字符串中的格式指示符，必须按从左到右的顺序，与输出项表中的每个数据一一对应，否则会出错。

（2）格式字符 x、e、g 可以用小写字母，也可以用大写字母。使用大写字母时，输出数据中包含的字母也大写。除了 x、e、g 格式字符外，其他格式字符必须用小写字母，例如，%f 不能写成%F。

（3）格式字符紧跟在"%"后面就作为格式字符，否则，将作为普通字符使用（原样输出），例如，"printf("c=%c, f=%f\n", c, f);"中的"c="和"f="，都是普通字符。

（4）输出项表的执行方向为自右向左。例如定义 int m=1;，则执行 printf("%d, %d\n",++ m, m);。语句后的输出结果为：

```
2, 1
```

注意：结果不是 2，2，原因请读者思考。

二、掌握输入函数 scanf()

scanf()函数的功能是从计算机默认的输入设备（一般指键盘）向计算机主机输入数据。
调用 scanf()函数的一般格式为：

```
scanf("格式字符串", 输入变量地址表);
```

例如：

```
scanf("%d %f", &i, &f);
```

scanf()函数是格式化输入函数，它从键盘按照"格式字符串"中规定的格式读取若干个数据，按"输入变量地址表"中变量的顺序，依次存入对应的变量。其函数返回值为读取的数据个数。格式字符串与输入项地址表的用法如下。

（一）格式字符串

格式字符串可以包含三种类型的字符：格式指示符、空白字符（空格、跳格键即 Tab 键、回车键）和非空白字符（又称普通字符）。格式指示符用来指定数据的输入格式；空白字符用作相邻两个输入数据的缺省分隔符；非空白字符在输入有效数据时，必须原样一起输入。

（二）输入项地址表

由若干个输入项地址组成，相邻两个输入项地址之间用逗号分开。输入项地址表中的地址，可以是变量的地址，也可以是字符数组名或指针变量（后续内容将介绍）。变量地址的表示方法为"&变量名"，其中"&"是地址运算符。

（三）格式字符

格式指示符的一般形式为：

        % ［修饰符］格式字符

scanf()函数中使用的格式字符见表 3–3。

表 3–3　常用格式字符

格式字符	说　　明
d	输入十进制整数
o	输入八进制整数
x	输入十六进制整数
u	输入无符号十进制整数
c	输入一个字符
f 和 e	输入小数形式或指数形式的实型数据
s	输入字符串

1. 宽度修饰

宽度修饰用来指定输入数据所占列数，例如：

```
scanf("%3c%3c",&ch1,&ch2);
```

假设输入"abcdefg"，则系统将读取的"abc"中的"a"赋给变量 ch1；将读取的"def"中的"d"赋给变量 ch2。

2. 抑制修饰符

抑制修饰符"*"表示对应的数据读入后，不赋给相应的变量，该变量由下一个格式指示符输入，例如：

```
scanf("%2d%*2d%3d",&num1,&num2);
```

假设输入"123456789"，则系统将读取"12"并赋值给 num1；读取"34"但舍弃掉（"*"的作用）；读取"567"并赋值给 num2。

3. 长度修饰符

在输入长整型数据和双精度实型数据时，必须使用长度修饰符 "l" 或 "L"，否则，不能得到正确的输入值，例如：

```
long x; double y;
scanf("%ld %lf", &x, &y);
```

（四）使用说明

调用 scanf()函数输入数据时，要注意以下几点。

（1）如果相邻两个格式指示符之间不指定数据分隔符（如逗号、冒号等），则相应的两个输入数据之间至少用一个空格分开，或者用 Tab 键分开，或者输入一个数据后按 Enter 键，然后再输入下一个数据。例如：

```
scanf("%d%d",&num1,&num2);
```

假设给 num1 输入 10，给 num2 输入 20，则正确的输入操作为：

10□20✓

或者：

10✓

20✓

（2）"格式字符串"中出现的普通字符（包括转义字符形式的字符），务必原样输入。例如：

```
scanf("num1=%d,num2=%d",&num1,&num2);
```

假设给 num1 输入 10，给 num2 输入 20，正确的输入操作为：

num1=10, num2=20✓

另外，scanf()函数中，格式字符串内的转义字符（如\n），系统并不把它当转义字符来解释，从而产生一个控制操作，将其视为普通字符，所以也要原样输入。例如：

```
scanf("num1=%d,num2=%d\n",&num1,&num2);
```

假设给 num1 输入 10，给 num2 输入 20，正确的输入操作为：

num1=10, num2=20\n✓

为改善人机交互性，同时简化输入操作，在设计输入操作时，一般先用 printf()函数输出一个提示信息，再用 scanf()函数进行数据输入。例如：

```
printf("num1="); scanf("%d",&num1);
printf("num2="); scanf("%d",&num2);
```

（3）输入数据时，遇到以下情况，系统认为该数据输入结束。

● 遇到空格，或者 Enter 键，或者 Tab 键；

● 遇到输入域宽度结束，例如 "%3d"，只取三列；

● 遇到非法输入，例如，在输入数值数据时，遇到字母等非数值符号（数值符号仅由数字字符 0～9、小数点和正负号构成）。

（4）使用格式说明符 "%c" 输入单个字符时，空格和回车等均作为有效字符被输入。例如：

```
scanf("%c%c%c",&ch1,&ch2,&ch3);
printf("ch1=%c,ch2=%c,ch3=%c\n",ch1,ch2,ch3);
```

假设输入：A□B↙，则系统将字母"A"赋给 ch1，空格赋给 ch2，"B"赋给 ch3。

三、掌握单个字符的输入/输出函数

除了使用 printf()函数和 scanf()函数可以输出/输入字符数据外，C 语言还提供了 putchar()和 getchar()函数，专门用来输出/输入单个字符。

（一）输出函数 putchar()

每调用 putchar()函数一次，向显示器输出一个字符，它的调用形式如下：

```
putchar(ch);
```

其中，ch 是字符变量或是字符常量或是整型表达式，例如：

```
putchar('Y');
```

将在显示器上输出字符 Y。

（二）输入函数 getchar()

每调用 getchar 函数一次，从键盘接收一个字符，它的调用形式如下：

```
ch=getchar( );
```

getchar()函数是一个无参函数，但调用 getchar()函数时，后面的括号不能省略。getchar()函数从键盘接收一个字符作为它的返回值。

在输入时，空格、回车等都将作为字符读入，同时，只有在用户输入回车键时，读入才开始执行。

【例 3.2】以下程序先从键盘接收一个字符，然后显示在显示器上。

```
/*程序功能：单个字符的输入与输出*/
#include "stdio.h"
void main( )
{
  char ch;
  ch=getchar( );
  putchar(ch);
  putchar('\n');
}
```

程序运行结果：

```
  A↙
  A
```

需要注意的是，程序中如果调用了 putchar()函数或 getchar()函数，则在程序的开头必须加上#include "stdio.h"或#include <stdio.h>，否则，程序编译时会报错。

另外还有两个和 getchar()非常接近的函数 getch()及 getche()，它们的调用格式和 getchar()完全一样，两者的区别如下。

（1）getch()函数：读入一个字符不需要按 Enter 键，不将读入的字符回显在显示屏幕上。

（2）getche()函数：读入一个字符不需要按 Enter 键，将读入的字符回显到显示屏幕上。

getchar()函数也是从键盘上读入一个字符，并带回显。它与前面两个函数的区别在于 getchar()函数等待输入，直到按 Enter 键才结束，按 Enter 键前的所有输入字符都会逐个显示在屏幕上。但只有第一个字符作为函数的返回值。

需要注意的是，程序中如果调用了 getch()函数或 getche()函数，则在程序的开头必须加上#include "conio.h"或#include <conio.h>，否则，程序编译时会报错。

【例 3.3】

```
#include <stdio.h>
#include <conio.h>
void main()
{
  char c, ch;
  c=getch();                /*从键盘上读入一个字符不回显送给字符变量 c*/
  putchar(c);               /*输出该字符*/
  ch=getche();              /*从键盘上带回显地读入一个字符送给字符变量 ch*/
  putchar(ch);
}
```

利用回显和不回显的特点，这两个函数经常用于交互输入的过程中完成暂停等功能。

【例 3.4】

```
#include <stdio.h>
 #include <conio.h>
void main()
{
  char c;
  printf("Name:");
  printf("Press any key to confinue...");
  getch();          /*等待输入任一键*/
}
```

仔细观察此例，会发现 getch()函数没有将返回值赋给任何变量，所以这里的 getch()函数将会丢失返回值，它仅仅起到暂停程序执行的功能，用户任意按下一个键即可恢复程序的执行，返回值在这里毫无意义。

任务三　设计顺序结构程序

任务要求

本任务要求使用输入/输出函数实现顺序结构程序的设计。

任务实现

设计顺序结构程序

在顺序结构程序中，各语句是按照位置的先后次序顺序执行的，并且每个语句都会被执行到。

【例3.5】编写程序，输入一个圆的半径，计算这个圆的面积。

```
/*程序功能：计算圆的面积*/
void main( )
{
    float pi=3.14159, r, s;
    printf("Input radius:");
    scanf("%f", &r);
    s=pi*r*r;
    printf("area is:%7.2f\n", s);
}
```

程序的运行情况：

```
Input radius: 5.6✓
area is:  98.47
```

【例3.6】编写程序，输入一个大写字母，把它转换成相应的小写字母，然后输出。

```
/*程序功能：大写字母转换成相应的小写字母*/
#include "stdio.h"
void main( )
{
    char  ch;
    printf("Input a capital:");
    ch=getchar( );
    ch+=32;
    printf("The lowercase is %c\n", ch);
}
```

程序的运行情况：

```
Input a capital:A✓
The lowercase is a
```

【例3.7】编写程序，输入一个double类型的数，保留这个数小数点后两位，对小数点后第三位做四舍五入处理，输出处理后的结果。

```
/*程序功能：实型数据四舍五入处理*/
#include "stdio.h"
void main( )
{
    double x;
```

```
printf("Enter x:");
scanf("%lf", &x);
printf("Before transaction x=%f\n", x);
x*=100;
x+=0.5;
x=(int)x;
x/=100;
printf("After transaction x=%f\n",x);
}
```

程序的运行情况:

```
Enter x:5.6789↙
Before transaction x=5.678900
After transaction x=5.680000
```

【例 3.8】求平面上两点之间的距离。

数据分析:

输入量:第一个点坐标 x1,y1,float,第二个点坐标 x2,y2,float。

输出量:两点之间的距离 d,float。

算法分析:

(1)输入第一个点坐标 x1,y1。

(2)输入第二个点坐标 x2,y2。

(3)求两点之间的距离 d;

(4)输出两点之间的距离。

原程序如下:

```
#include "math.h"
void main()
 {float x1,y1,x2,y2;
 float d;
 printf("Please input x1,y1");
 scanf("%f,%f",&x1,&y1);
 printf("Please input x2,y2");
 scanf("%f,%f",&x2,&y2);
 d=sqrt((x1-x2)*(x1-x2)+(y1-y2)*(y1-y2));
 printf("d=%8.4f\n",d);
}
```

输入数据:

```
0,0↙
1,1↙
```

运行结果:

```
d=□□1.4142
```

程序中 sqrt()是求平方根函数。由于要调用数学函数库中的函数，必须在程序的开头加一条＃include 命令，把头文件"math.h"包含到程序中。请注意，以后凡在程序中要用到数学函数库中的函数，都应当包含"math.h"头文件。

项 目 小 结

本项目首先介绍了算法的基本概念及实现方法，紧接着通过实例学习了 C 语言的基本输入/输出函数。通过本项目的学习，应该主要掌握以下两点：

1. 从程序执行的流程来看，程序可分为三种最基本的结构：顺序结构、分支结构及循环结构，通过这三种结构写出的程序必然是结构化程序。要注意掌握结构化程序设计的方法。

2. C 语言中没有提供专门的输入/输出语句，所有的输入/输出都是由调用标准库函数中的输入/输出函数来实现的。

scanf 和 getchar 函数是输入函数，接收来自键盘的输入数据。

scanf 函数是格式输入函数，可按指定的格式输入任意类型数据。

getchar 函数是字符输入函数，只能接收单个字符。

printf 和 putchar 函数是输出函数，向显示器屏幕输出数据。

printf 函数是格式输出函数，可按指定的格式显示任意类型的数据。

putchar 函数是字符显示函数，只能显示单个字符。

项目学习评价

序号	评价内容	评价要素	自我评价	教师评价	反思：学习过程中目标的完成情况如何？遇到了哪些困难？采取了什么样的解决方式？
1	学习态度	主动学习知识内容			
		独立完成工作任务			
		积极探索拓展内容			
2	基础知识	理解算法的概念与表示方法			
		理解格式化输出 printf( )函数			
		理解格式化输入 scanf( )函数			
		理解单个字符输入和输出函数			
		理解顺序结构程序			
3	基本技能	可以使用格式输入和输出程序进行简单编程			
		可以使用单个字符输入和输出函数进行简单编程			
		能够完成简单的顺序结构程序设计			
4	拓展应用	编写程序：输入一个四字词语，倒置输出这四个字			

注：评价档次采用 A（优秀）、B（良好）、C（合格）、D（不合格）四个水平。

习题与实训 <<<

一、选择题

1. putchar 函数可以向终端输出一个（　　　）。

    A. 整型变量或表达式值　　　　　　　　B. 实型变量值

    C. 字符串　　　　　　　　　　　　　　D. 字符或字符型变量值

2. 有如下程序段：

```
int a1,a2;
char c1,c2;
scanf("%d%c%d%c", &a1,&c1,&a2,&c2);
```

    若要求 a1、a2、c1、c2 的值分别为 10、20、A、B，正确的数据输入是（　　　）。

    A. 10A　20B✓　　　　　　　　　　　　B. 10　A　20　B✓

    C. 10　A20B✓　　　　　　　　　　　　D. 10A20　B✓

3. 有如下程序，输入数据 12345m678✓ 后，x 的值①是（　　　），y 的值②是（　　　）。

```
#include <stdio.h>
void main( )
{
int x; float y;
scanf("%3d%f", &x,&y);
}
```

    ① A. 12345　　　　B. 123　　　　　　C. 45　　　　　　　D. 345

    ② A. 45.000000　　B. 45678.00000　　C. 678.000000　　D. 123.000000

4. 有如下程序，对应正确的数据输入是（　　　）。

```
#include <stdio.h>
void main( )
{
  float a, b;
  scanf("%f%f", &a,&b);
  printf("a=%f,b=%f\n", a, b);
}
```

    A. 2.04✓ 5.67✓　　　　　　　　　　　B. 2.04,5.67✓

    C. A=2.04,B=5.67✓　　　　　　　　　　D. 2.045.67✓　5.67✓

5. 有输入语句：scanf("a=%d,b=%d,c=%d", &a, &b, &c);，为使变量 a 的值为 1，b 的值为 3，c 的值为 2，从键盘输入数据的正确形式是（　　　）。

    A. 132✓　　　　B.1,3,2✓　　　　　　C. a=1,b=3,c=2✓　　　D. a=1　b=3　c=2✓

6. 已知字母 A 的 ASCII 码是 65，以下程序的执行结果是（　　　）。

```
#include <stdio.h>
void main( )
```

```
{
  char c1='A', c2='Y';
  printf("%d,%c\n", c1, c2);
}
```

A. A,Y   B. 65,65   C. 65, Y   D. 65,89

7. 以下程序的执行结果是（　　　）。

```
#include <stdio.h>
void main( )
{
int a=2,b=5;
printf("a=%d,b=%%d\n", a, b);
}
```

A. a=%2,b=%5   B. a=2,b=5   C. a=%%d,b=%%d   D. a=2,b=%d

二、填空题

1. 以下程序的执行结果是_____。

```
#include <stdio.h>
void main()
{
  int i=100;
  printf("%d,%o,%x\n", i, i, i);
}
```

2. 以下程序的执行结果是_____。

```
#include <stdio.h>
void main( )
{
  char c='A';
  printf("%d,%o,%x,%c\n", c, c, c, c);
}
```

3. 以下程序的执行结果是_____。

```
#include <stdio.h>
void main( )
{
  float f=3.1415926;
  printf("%f,%5.4f,%.3f", f, f, f );
}
```

4. 以下程序的执行结果是_____。

```
#include <stdio.h>
void main( )
{
```

```
    float f=31.41592;
    printf("%7.2f,%7.2e\n", f, f );
}
```

5. 以下程序的执行结果是_____。

```
#include <stdio.h>
void main( )
{
    char c='A'+10;
    printf("c=%c\n", c);
}
```

6. 以下程序运行时，输入 1□2□3✓（□代表空格）后，执行的结果是_____。

```
#include <stdio.h>
void main( )
{
    int a,c;
    char b;
    scanf("%d%c%d", &a, &b, &c);
    printf("a=%d,b=%c,c=%d\n", a, b, c);
}
```

7. 以下程序运行时，输入 123456789✓后，执行的结果是_____。

```
#include <stdio.h>
void main( )
{
    int a,b;
    scanf("%2d%3d", &a, &b);
    printf("a=%d,b=%d\n", a, b);
}
```

8. 以下程序运行时，输入 ABC✓后，执行的结果是_____。

```
#include <stdio.h>
void main( )
{
    char c;
    scanf("%3c", &c);
    printf("c=%c\n",c);
}
```

9. 以下程序运行时，输入 100✓后，执行的结果是_____。

```
#include <stdio.h>
void main( )
{
```

```
        int n;
        scanf("%o", &n);
        printf("n=%d\n", n);
    }
```

三、编程题

1. 编写程序，从键盘输入圆锥体的半径 r 和高度 h，计算其体积。

2. 编写程序，输入一个字符，输出其对应的 ASCII 码。

3. 编写程序，输入一个三位整数，把三个数字逆序组成一个新数再输出。例如输入 369，输出 963。

四、实训题

1. 实训要求

（1）录入一段源程序，编译并调试通过。

（2）掌握 C 语言输入/输出函数的基本使用方法。

2. 实训内容

（1）录入以下程序：

```
        #include <stdio.h>
        void main()
        {
        int a,b;
        float x,y;
        char c1,c2;
        scanf("a=%d b=%d",&a,&b);
        scanf("x=%d y=%d",&x,&y);
        scanf("c1=%c c2=%c",&c1,&c2);
        }
```

（2）编译、运行，尝试输入一些数据，给程序添加输出语句，并仔细观察输出结果。

3. 分析与总结

（1）写出输入数据的方法。

（2）简述各种不同类型输入/输出的特点。

项目四　设计选择结构程序

选择结构是结构化程序设计的基本结构之一。前面已经介绍了 C 语言的基本概念和基础知识及顺序结构程序设计，本项目主要介绍选择结构程序设计，其作用是根据所给定的条件是否满足，决定从给定的两个或多个情况中选择其中的一种来执行。

【本项目内容】

- 关系运算及其表达式
- 逻辑运算及其表达式
- if 语句和条件运算符
- switch 语句
- 选择结构程序举例

【知识教学目标】

- 关系运算符与关系表达式
- 逻辑运算符与逻辑表达式
- if 语句的运用
- switch 语句的运用

【技能培养目标】

- 关系运算符、逻辑运算符及表达式的运用
- if 结构的实现
- switch 结构的实现

任务一　计算 C 语言表达式

任务要求

本任务要求熟悉 C 语言中主要用于选择结构程序的关系表达式和逻辑表达式。

任务实现

一、计算关系表达式

1. 关系运算符

a>3 是一个关系表达式，大于号（>）是一个关系运算符，如果 a 的值为 5，则满足给定的"a>3"条件，因此关系表达式的值为"真"（即"条件满足"）；如果 a 的值为 2，则不满

足"a>3"条件，称关系表达式的值为"假"。

关系运算是逻辑运算中比较简单的一种。所谓关系运算，实际上是"比较运算"将两个值进行比较，判断比较的结果是否符合给定的条件。

C 语言提供了 6 种关系运算符：

① <　　　　　　　　（小于）

② <=　　　　　　　（小于或等于）

③ >　　　　　　　　（大于）

④ >=　　　　　　　（大于或等于）

⑤ ==　　　　　　　（等于）

⑥ !=　　　　　　　（不等于）

2. 关于优先级

（1）d==a>3，其中如 a=5，则 d==1。这个表达式里就有对优先级的考虑。C 语言规定前四种关系运算符（<,<=,>,>=）的优先级别相同，后两种（==,!=）优先级别相同。并且前四种运算符优先级高于后两种。

（2）关系运算符的优先级低于算术运算符但高于赋值运算符，即：

$$
\begin{array}{l|l}
\text{算术运算符} & \text{高} \\
\text{关系运算符} & \\
\text{赋值运算符} & \text{低}
\end{array}
$$

例如：

c>a+b 等效于 c>(a+b)；

a>b!=c 等效于 (a>b)!=c；

a==b<c 等效于 a==(b<c)；

a=b>c 等效于 a=(b>c)。

3. 关系表达式

用关系运算符将两个表达式（可以是算术表达式、关系表达式、逻辑表达式、赋值表达式、字符表达式）连接起来的式子，称为关系表达式。

例如，下面都是合法的关系表达式：

a>b，a+b>b+c，(a=3)>(b=5)，'a'<'b'，(a>b)>(b<c)。

关系表达式的值是一个逻辑值，即"真"或"假"。在 C 语言中，"真"用"1"表示，"假"用"0"表示。例如关系表达式"5==3"的值为 0，"5>=0"的值为 1。与其他语言的区别见表 4-1。

表 4-1　C 语言逻辑值

语　言	真	假
C	1（任意非 0 值也作为真）	0
PASCAL、FORTRAN	True（1）	False（0）

例如，a=3，b=2，c=1，则

a>b	真，表达式的值为 1；
(a>b)==c	真，表达式的值为 1；
b+c<a	假，表达式的值为 0；
d=a>b	d 的值等于 1；
f=a>b>c	f 的值等于 0。

二、计算逻辑表达式

用逻辑运算符将关系表达式或逻辑量连接起来的表达式就是逻辑表达式。在 BASIC 和 PASCAL 语言中有以下形式逻辑表达式（AND 是逻辑运算符）：

(a>b)　　　　AND　　　(x>y)

如果 a>b 且 x>y，则上述逻辑表达式的值为"真"。下面介绍 C 语言中的逻辑运算符和逻辑运算。

1. 逻辑运算符

C 语言提供了三种逻辑运算符，见表 4–2。

表 4–2　三种逻辑运算符

&&	逻辑与（相当于其他语言中的 AND）	均为双目运算符 要求两个操作数
‖	逻辑或（相当于其他语言中的 OR）	
!	逻辑非（相当于其他语言中的 NOT）	单目运算符，要求一个操作数，

例如：① a && b（若 a 和 b 均为真，则逻辑表达式 a&&b 为真）；

② a‖b（若 a 或 b 为真，则逻辑表达式 a‖b 为真）；

③ !a（若 a 为真，则逻辑表达式!a 为假）。

2. 优先级

在一个逻辑表达式中，如果包含多个运算符，如

!a && b‖x>y && c

则按以下的优先级次序：

!（非）	高
算术运算	
关系运算	↑
&&（与）	
‖（或）	
赋值运算	低

例如，① (a>b) && (x>y) 可以写为 a>b&&x>y；

② (a==b)||(x==y)可以写为 a==b||x==y;

③ (!a)||(a>b)可以写为!a||a>b。

3. 逻辑表达式

逻辑表达式的值应该是一个逻辑量"真"或"假",其判断方法见表4-3。

表4-3　逻辑值的判断

C 语言	计算逻辑表达式的值	判断量的真假
真	1	非 0
假	0	0

例如: ① a=4, !a=0 (假);

② a=4,b=5, a&&b=1 (真);

③ a=4,b=5, a||b=1 (真);

④ a=4,b=5, !a||b=1 (真);

⑤ 4&&0||2=1。

下面有几点说明。

(1) 在逻辑表达式中作为参加逻辑运算的运算对象 (操作数) 可以是 0 ("假") 或任何非 0 的数值 (按"真"对待)。如果在一个表达式中不同位置上出现数值,则应区分哪些是作为数值运算或关系运算的对象,哪些是作为逻辑运算的对象。

例如,"5>3 && 2"表达式自左至右扫描求解。首先处理"5>3"(因为关系运算符优先于&&)。在关系运算符两侧的 5 和 3 作为数值参加关系运算,"5>3"的值为 1。再进行"1 &&2"的运算,此时 1 和 2 均是逻辑运算对象,均做"真"处理,因此,结果为 1。

再例如"1 || 8<4-!0"表达式的运算。根据优先次序,先进行 "!0" 运算,得 1,因此,要运算的表达式变成"1 || 8<4-1",即"1 || 8<3"。关系运算符"<"两侧的 8 和 3 作为数值参加比较,"8<3"的值为 0 ("假"),最后得到 "1 || 0" 的结果 1。

实际上,逻辑运算符两侧的运算对象不但可以是 0 和 1,也可以是 0 和非 0 的整数,还可以是任何类型的数据。例如,可以是字符型、实型或指针型等。系统最终以 0 和非 0 来判定它们属于"真"或"假"。又如,'c'&&'d'的值为 1 (因为'c'和'd'的 ASCII 值都不为 0,按"真"处理)。

(2) 在逻辑表达式的求解中,并不是所有的逻辑运算符都被执行,而是在必须执行下一个逻辑运算符才能求出表达式的解时,才执行该运算符。

① 表达式 a&&b&&c 的求解过程为:只有 a 为真 (非 0) 时,才需要判别 b 的值;只有 a 和 b 都为真时,才需要判别 c 的值;只要 a 为假,就不必判别 b 和 c (此时整个表达式已确定为假);如果 a 为真,b 为假,不判别 c。该表达式的执行过程如图 4-1 所示。

② 表达式 a||b|| c 的求解过程为:只要 a 为真 (非 0),就不必判别 b 和 c;只有 a 为假,才判别 b;a 和 b 都为假时,才判别 c。该表达式的执行过程如图 4-2 所示。

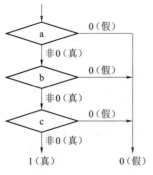

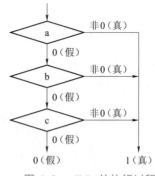

图 4-1   a&&b&&c 的执行过程   图 4-2   a||b||c 的执行过程

因此，如果有下面的逻辑表达式：(m=a>b) && (n=c>d)，当 a=1，b=2，c=3，d=4，m 和 n 的原值为 1 时，由于"a>b"的值为 0，故 m=0，而"n=c>d"不被执行，因此 n 的值不是 0，仍保持原值 1。

例如，判别某一年（year）是否为闰年，即判断是否符合下面条件的二者之一：① 能被 4 整除，但不能被 100 整除。② 能被 4 整除，又能被 400 整除。

可以用一个逻辑表达式来表示：

(year%4==0&& year%100!=0)||year%400==0

当 year 为某一整数值时，上述表达式的值为真（1），则 year 为闰年；否则为非闰年。

可以加一个"!"来判别非闰年：

!((year%4==0&&year%100!=0)||year%400==0)

若表达式的值为真（1），year 为非闰年。也可以用下面的逻辑表达式判别非闰年：

(year%4!=0)||(year%100==0&&year%400!=0)

表达式为真，year 为非闰年。

任务二   使用 if 语句

任务要求

本任务要求掌握 if 语句的格式，能正确使用 if 语句、if…else 语句及 if 语句的嵌套语句。

任务实现

一、使用 if 语句

例如，输入两个实数，按代数值由小到大输出这两个数。

```
main()
{
    float a,b,t;
    scanf("%f,%f",&a,&b);
```

```
if (a>b)
{t=a; a=b; b=t; }
printf("%5.2f,%5.2f",a,b);
}
```

输入：3.6 ,−3.2✓

运行结果：−3.2, 3.6

上例中 if (a>b),{t = a; a = b; b = t;}是一种 if 语句形式，在 C 语言里，if 语句是最灵活的选择语句。下面就来总结它的几种格式。

1. 格式 1：

　　　　if(表达式) 语句

流程图如图 4–3 所示。

例如：if (x>y) printf("%d",x);

2. 格式 2：

　　　　if(表达式) 语句 1

　　　else　语句 2

流程图如图 4–4 所示。

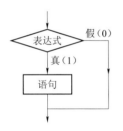

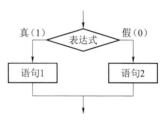

图 4–3　格式 1 流程图　　　　　　　　　　图 4–4　格式 2 流程图

【例 4.1】输入任意三个整数，求三个数中的最大值。

```
main()
 { int num1,num2,num3,max;
   printf("please input three numbers:");
   scanf("%d,%d,%d",&num1,&num2,&num3);     /*输入三个整数*/
   if(num1>num2) max=num1;   /*比较 num1 和 num2,将大的数赋给 max*/
   else  max=num2;
   if(num3>max) max=num3;
   printf("The three numbers are: %d,%d,%d\n",num1,num2,num3);
   printf("max=%d\n",max);
}
```

程序运行情况如下：

please input three numbers:21,52,28

The three numbers are: 21,52,28

max=52

3. 格式 3：if… else if 语句结构

格式如下：

    if（表达式 1）语句 1

    else if (表达式 2) 语句 2

    else if (表达式 3) 语句 3

    …

    else if (表达式 m) 语句 m

    else 语句 n

执行过程如图 4-5 所示。

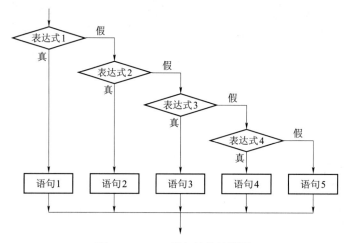

图 4-5 else if 语句结构流程图

例如：

```
if(number>500)  const=0.15;

else if  (number>300)  const=0.10;

else if  (number>100)  const=0.075;

else if  (number>50)   const=0.05;

else    const=0;
```

4. 格式 4：if 语句的嵌套（即 if 语句中包含另一个 if 语句）

一般形式（见表 4-4）：

```
if (表达式) if (表达式 1) 语句 1

else 语句 2

else    if (表达式 2) 语句 3

         else 语句 4
```

表 4-4　一般形式

if()	加{}改变配对关系	if()
if() 语句1		{if() 语句1}
else		else
语句2		语句2

注意：

（1）if(表达式)中的"表达式"为逻辑表达式或关系表达式，例如：

```
if (a==b && x==y) printf("a=b,x=y");
```

也可以为数值类型，例如：

```
if (3) printf("O.K.");
if ('a') printf("%d", 'a');
```

（2）注意语句应以分号结束，例如：

```
if (x>0)
    printf(" %f", x);
else
    printf(" %f", -x);
```

（3）语句可以是复合语句，例如：

```
if(a+b>c && b+c>a && c+a>b)
{ s = 0.5*(a+b+c);  area = sqrt(s*(s-a)*(s-b)*(s-c));
 printf("area=%6.2f",area);
}
else
    printf("it is not a trilateral"); }
```

（4）使用嵌套 if 语句时，必须特别注意 if 与 else 配对。配对原则：从最内层开始，else 总是与它上面最接近的（未曾配对的）if 配对。避免 if 与 else 配对错位的最佳办法是加大括号，同时，为了便于阅读，使用适当的缩进（只有大括号能保证 if 和 else 不错位配对，缩进仅便于阅读）。

例如：

```
if ()
 if ()  语句1
 else
  if ()  语句2
  else  语句3
```

二、认识条件运算符

在 if 语句中，在"表达式"为"真"和"假"时，都只执行一个赋值语句给同一个变量赋值，例如：

```
if (a>b) max = a;
else     max = b;
```

同样可以用如下条件运算符来处理：

```
max = (a>b) ? a : b;
```

其中，"(a>b)？a：b"是一个条件表达式，若条件（a>b）成立，则条件表达式取值 a；否则，取值 b。

条件运算符要求有三个操作对象，称为"三目运算符"（它是 C 语言中唯一的三目运算符）。条件表达式的一般形式为：

表达式 1？表达式 2:表达式 3

执行过程如图 4-6 所示。

说明：

（1）条件运算符的执行顺序：先求解三个表达式的值，若表达式 1 的值为真，则条件表达式的值等于表达式 2 的值；若表达式 1 的值为假，则条件表达式的值等于表达式 3 的值。

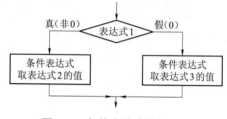

图 4-6　条件表达式执行过程

例如，max = (a>b)?a:b 的作用是把条件表达式的值赋给 max。

（2）条件运算符的优先级高于赋值运算符，但低于算术运算符和关系运算符。

例如，max = (a>b)?a:b 与 max = a>b?a:b 等价；a>b?a:b+1 与 (a>b)?a:(b+1) 等价。

（3）条件运算符的结合方向是"从右至左"。

例如，a>b?a:c>d?c:d 与 (a>b)?a:(c>d?c:d)等价。

（4）只有在 if 语句的 if 分支、else 分支均为赋值语句时，才可以用条件表达式代替。

（5）表达式 1、表达式 2、表达式 3 的类型可以不同。

任务三　使用 switch 语句

任务要求

本任务要求熟悉 switch 语句的概念，并能正确使用 switch 语句进行选择结构程序设计。

任务实现

使用 switch 语句

if 语句处理两个分支，当处理多个分支时，需使用多个 if–else 结构，而 switch 语句直接处理多个分支（当然包括两个分支）。

【例 4.2】根据考试成绩的等级（grade）打印出百分制分数段。

程序如下：

```
main()
{char grade;
```

```
scanf("%c",&grade);
switch (grade)
{
  case 'A':printf("85~100\n");
  case 'B':printf("70~84\n");
  case 'C':printf("60~69\n");
  case 'D':printf("<60\n");
  default: printf("error\n");
 }
}
```

当 grade='A'时，程序从 printf("85~100\n")开始执行，输出结果为：

85~100

70~84

60~69

<60

error

switch 语句的一般形式为：

switch（表达式）

```
  {
      case 常量表达式 1:语句 1
      case 常量表达式 2:语句 2
                …
      case 常量表达式 n:语句 n
      default：语句 n+1
  }
```

当"表达式"="常量表达式 1"时，从"语句 1"开始执行；

当"表达式"="常量表达式 2"时，从"语句 2"开始执行；

当"表达式"=其他值时，从"语句 n+1"开始执行；

例 4.1 中，原意是输出一个值，但实际输出了多个值，这与题意不符合。若要避免这一现象，则应使用如下语句格式（即在语句后加 break 语句）。

```
switch (grade)
{
   case 'A':printf("85~100\n");break;
   case 'B':printf("70~84\n");break;
   case 'C':printf("60~69\n");break;
   case 'D':printf("<60\n");break;
   default: printf("error\n");
  }
```

break 语句的功能是使程序跳出 switch 结构，使本例达到如图 4-7 所示的要求。

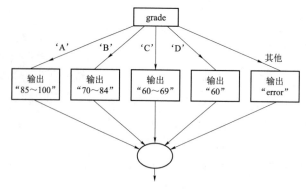

图 4-7　加 break 语句的 switch 结构

注意：

（1）当每一个 case 语句后均有 break 语句时，case 出现的次序不影响执行结果（default 总是放在最后，这时，default 后不需要 break 语句）。

（2）case 后面包含多个语句时，不需要加大括号（从：开始执行）。

（3）多个 case 可以共用一组执行语句，例如：

```
case 'A':
case 'B':
case 'C': printf(">60\n");break;
```

在 A、B、C 三种情况下，均执行相同的语句组。

任务四　设计选择结构程序

任务要求

本任务要求使用 if 语句实现选择结构程序的设计。

任务实现

设计选择结构程序

【例 4.3】输入三个数，按由小到大的顺序输出。

```
main()
{ float a,b,c,t;
  scanf("%f,%f,%f",&a,&b,&c);
  if (a>b)
   {t = a; a = b; b = t;}
  if (a>c)
   {t = a; a = c; c = t;}
  if (b>c)
```

```
{t = b; b = c; c = t;}
printf("%5.2f,%5.2f,%5.2f",a,b,c);
}
```

【例 4.4】有一函数如下，编一程序，输入一个 x 值，输出 y 的值。

$$y = \begin{cases} -1 & (x < 0) \\ 0 & (x = 0) \\ 1 & (x > 0) \end{cases}$$

程序 1：

```
main()
{
int x,y;
scanf("%d",&x);
    if (x<0)  y = -1;
    else if (x==0) y = 0;
        else  y = 1;
printf("x=%d,y=%d\n",x,y);
}
```

程序 2：

```
main()
{
  int x,y;
  scanf("%d",&x);
  if (x>=0)
    if (x>0) y = 1;
    else y = 0;
  else  y = -1;
    printf("x=%d,y=%d\n",x,y);
}
```

【例 4.5】输入一个字符，判别它是否为大写字母。如果是大写字母，则将其转换为小写，否则不转换。然后输出最后得到的字符。

```
main()
  {
    char ch;
    scanf("%c",&ch);
    ch = (ch >= 'A' && ch <= 'Z')?(ch+32):ch;
    printf("%c",ch);
  }
```

项 目 小 结

1. 关系运算符及关系表达式

（1）"<" ">=" "<=" 优先级相同但高于 "==" 和 "!="。

（2）算术运算符高于关系运算符，关系运算符高于赋值运算符。

2. 逻辑运算符及表达式

（1）"!" 高于 "&&" 和 "||"。

（2）"!" 最高，算术运算符高于关系运算符，最低是赋值运算符。

3. if 语句

1）if 语句的三种形式

（1）if（表达式）语句

（2）if（表达式）语句 1

　　　else 　　　语句 2

（3）if（表达式 1）语句 1

　　　else if（表达式 2） 语句 2

else if（表达式 3）语句 3

…

else if（表达式 m）语句 m

else 语句 n

2）if 语句的嵌套

```
if ()
  if () 语句 1
  else  语句 2
else
  if() 语句 3
  else 语句 4
```

3）条件运算符

表达式 1? 表达式 2：表达式 3

4）switch 语句

```
switch(表达式)
  {case  常量表达式 1:语句 1
   case  常量表达式 2:语句 2
   …
   case 常量表达式 n: 语句 n
default         : 语句 n+1
  }
```

项目学习评价

序号	评价内容	评价要素	自我评价	教师评价	反思：学习过程中目标的完成情况如何？遇到了哪些困难？采取了什么样的解决方式？
1	学习态度	主动学习知识内容			
		独立完成工作任务			
		积极探索拓展内容			
2	基础知识	熟知关系运算符与表达式			
		熟知逻辑运算符与表达式			
		了解 if 语句的概念和功能			
		掌握 switch 语句的概念和功能			
3	基本技能	熟练掌握关系运算符、逻辑运算符及表达式的运用			
		使用 if 结构编程			
		使用 switch 结构编程			
4	拓展应用	选取 if 或者 switch 结构实现下列函数：判断年份是否是闰年，并输出相应结果			

注：评价档次采用 A（优秀）、B（良好）、C（合格）、D（不合格）四个水平。

习题与实训 <<<

一、选择题

1. 设 int m=10，则下列表达式的值不等于零的是（　　）。

    A. m%2 　　　　　　B. ~(m|m) 　　　　　　C. m= =8 　　　　　　D. 2/3

2. 设有 int x=10,y=3;，则下列表达式的值为 1 的是（　　）。

    A. !(y= =x/3) 　　　B. y!=x%7 　　　　C. x＞0&&y＜0 　　　D. x!=y||x>=y

3. 下面选项中，与 if(a)等价的是（　　）。

    A. if(a= =0) 　　　B. if(a! =0) 　　　C. if(a=0) 　　　D. if(a= =1)

4. 设有 int x=2,y=3;，则表达式(y−x)?(!4?1:2):(0?3:4)的值为（　　）。

    A. 1 　　　　　　B. 2 　　　　　　C. 3 　　　　　　D. 4

5. 下列程序段的输出结果为（　　）。

```
int a=1,b=2,c=3;
printf("%d\n",a=b= =c);
```

    A. 0 　　　　　　B. 1 　　　　　　C. 2 　　　　　　D. 3

6. C 语言中规定，else 总是与（　　）的 if 组成配对关系。

    A. 前面一行上 　　　　　　　　　　B. 缩进距离相等

    C. 同一行上 　　　　　　　　　　　D. 在它的前面距离最近且未与其他 else 配对

7. C 语言中，逻辑"真"等价于（　　）。

    A. 大于零的数 　　　　　　　　　　B. 大于零的整数

    C. 非零的数 　　　　　　　　　　　D. 非零的整数

8. 在执行以下程序时，为了使输出结果为 4，则给 a 和 b 输入的值应满足的条件是（　　）。

    A. a>b 　　　　B. a<b && a>0 　　　　C. a>=b 　　　　D. a<=b

```
void main ()
  {int    s,t,a,b;
    scanf("%d,%d",&a,&b);
     s=1;    t=1;
  if(a>0)s=s+1;
  if(a>b)t=s+1;
    else    if (a==b) t=5;
          else t=2*s;
  printf("%d\n",t);
   }
```

9. 若 m，n，k，a 均是整型变量，则下面的语句中，语法是不合法的有（　　）。

    A. if(n＜m＜k) a=0; 　　　　　　　　B. =if(!m)a=0;

    C. if(m=k)a=0; 　　　　　　　　　　D. if(!0)a=0;

    E. if(k=＜0) a=0; 　　　　　　　　　F. if(m＞n= =k)a=0

10. 在如下程序中，if 语句中的!a 等价于（   ）。

```
int a;
scanf("%d", &a);
if(!a)
    printf("continue")
```

A. a!=0   B. a= =0   C. a＞0   D. a＞=0

11. C 语言的 if 语句中，用作判断的表达式为（   ）。

A. 关系表达式   B. 逻辑表达式

C. 关系或逻辑表达式   D. 任意表达式

12. 下列说法中不正确的是（   ）。

A. switch 语句中必须使用 break 语句

B. switch 后的括号中可以为任何表达式

C. case 后只能是常量或常量表达式

D. 以上结论都不正确

13. 已知 m＞n 且 a＞b，则 y=2x，若 m＜=n 则 y=0，下面对应描述中正确的是（   ）。

A. if(m＞n)   B. if(m＞n)   C. if(a＞b)   D. if(a＞b)

```
  {                  { if（m＞n）        { if（m＞n）        { if（m＞n）
    if（a＞b）           if（a＞b）          y=2*x;             y=2*x;
    y=2*x;              y=2*x;            else               else
  }                    else              if（m＜=n）          if（m＜=n）
  else                 y=0;}             y=0;               y=0;
    y=0;                                }
```

二、填空题

1. 有如下程序段，则输出结果是_____。

```
int k,m;
k=5;m=1;
switch（k）{
    case 1: m+ +;
    case 5: m*=3;
    case 9: m+ =4;break;
    case 11: m+ =1;
    default: m+ =3;
    }
printf("%d\n",m);
```

2. 补充程序。

```
# include<stdio.h>
void main( )
  {
      int year;
```

```
        printf("please input year:");
        scanf ("%d",& year);
        if ((year %4= =0____year %100! =0 )____year %400= =0)
          printf("a leap year.\n");
          }
```

3. 有如下程序：

```
void main( )
{ float x=2.0,y;
 if(x<0.0) y=0.0;
 else if(x<10.0) y=1.0/x;
 else y=1.0;
 printf("%f\n",y);
}
```

该程序的输出结果是_____。

三、实训题

1. 实训要求

（1）掌握分支语句的格式和功能。

（2）掌握选择结构的程序设计方法。

（3）掌握分支结构的嵌套。

2. 实训内容

（1）编程，计算下列分段函数值。

$$y = \begin{cases} 2.5 * x & (x > 1) \\ x & (-1 \leqslant x \leqslant 1) \\ 3 * x & (x < -1) \end{cases}$$

① 用 if 语句实现分支。自变量 x 与函数值 y 均采用双精度类型。

② 自变量 x 的值从键盘输入，且输入前要有提示信息。

③ 分别以–3.0，0.5，1.5 为自变量，运行该程序，记录运行结果。

（2）编程，将一个百分制转换成等级制成绩。具体要求如下：

① 百分制与等级制的对应关系如下：

　　　　90～100 分，A 级

　　　　80～89 分，B 级

　　　　70～79 分，C 级

　　　　60～69 分，D 级

　　　　0～59 分，E 级

② 用 switch 语句实现该功能。

③ 用键盘输入百分制成绩，输入前要有提示信息。

④ 要能判断输入数据的合理性，对于不合理的数据，应输出错误信息。

⑤ 输出结果中包含百分制成绩和成绩等级。

⑥ 分别输入成绩–10，99，60，85，70，101，45，运行该程序，记录运行结果。

（3）编程，输入三边的长度，并判断这三边能否构成三角形。

3．分析与总结

（1）实现选择结构程序设计的方法有哪几种？各有什么特点？适用条件是什么？

（2）如何设置选择结构中的判断条件？它在程序设计中的意义是什么？

项目五　设计循环结构程序

循环结构是结构化程序的三种基本结构之一，它和顺序结构、选择结构共同作为各种复杂程序的基本构造单元，因此，熟练掌握循环结构的概念及编程方法是程序设计的最基本要求，本项目主要介绍循环结构程序的实现方法。

【本项目内容】
- for 语句和 while 语句
- do-while 语句
- 循环结构的嵌套
- break 语句与 continue 语句

【知识教学目标】
- 循环结构程序设计方法
- 循环结构语句的使用
- 循环结构设计算法：累加、累乘等

【技能培养目标】
- 用循环结构处理一批数据，完成数据的输入、输出和处理

任务一　使用 for 语句和 while 语句

任务要求

本任务要求掌握循环结构的相关概念，能正确地使用 for 语句和 while 语句。

相关知识

一、循环的引入

在许多实际问题中，都需要用到循环结构。例如，求 1～100 的累加和。可用以下两种方法来求解。

1. 用连加表达式

```
main()
{ int sum=0;
  sum=sum+1+2+3+4+5+6+7+8+9+10+11+12+13+14+15+16+17+18+19+20;
  sum=sum+21+22+23+24+25+26+27+28+29+30+31+32+33+34+35+36+37+38+39+40;
```

```
sum=sum+41+42+43+44+45+46+47+48+49+50+51+52+53+54+55+56+57+58+59+60;
sum=sum+61+62+63+64+65+66+67+68+69+70+71+72+73+74+75+76+77+78+79+80;
sum=sum+81+82+83+84+85+86+87+88+89+90+91+92+93+94+95+96+97+98+99+100;
printf("sum=%d\n",sum);
}
```

2. 用循环结构

算法分析如下：

（1）设置一个累加变量 sum，其初值为 0，设置一个计数变量 n，其初值为 1；

（2）执行"sum=sum+n; n++;"；

（3）判断条件"n≤100"是否成立，若成立，返回（2）；否则，执行下一步；

（4）输出 sum 的值。

源程序如下：

```
main()
{ int n=1,sum=0;
  while(n<=100)
    { sum=sum+n; n++; }
  printf("sum=%d\n",sum);
}
```

显然，第二种方法比第一种方法简单，特别是当累加的数据更多时，更能显示出第二种方法的优越性。

二、循环结构和循环语句

1. 循环结构

当给定条件成立时，若反复执行某个程序段的结构，则反复执行的程序段称为循环体，给定条件称为循环继续条件。在上例中，"sum=sum+n; i++;"为循环体，"n≤100"为循环继续条件。

2. 循环语句

在 C 语言中，可用以下语句实现循环结构：

（1）用步长型循环语句 for 语句。

（2）用当型循环语句 while 语句。

（3）用直到型循环语句 do-while 语句。

（4）用 goto 语句和 if 语句构成循环。

3. 用 goto 语句和 if 语句构成循环

上例中的循环结构用以上四种语句均可实现，用 goto 语句和 if 语句构成循环实现求解 1～100 累加和的程序如下。

```
main()
{ int  n=1,sum=0;
  loop:sum+=n;n++;
```

```
    if  (n<=100 )  goto  loop;
    printf("sum=%d\n",sum); }
```

说明：

（1）goto 语句的格式为：

goto 标号;

功能为：使流程转向语句标号所在的语句行执行。语句标号的命名规则遵循标识符的命名规则，如"goto loop;"，其中"loop"为语句标号。

（2）语句标号所在行的格式为：

语句标号:语句行

注意：结构化程序设计方法，主张限制使用 goto 语句。因为滥用 goto 语句，将会导致程序结构无规律、可读性差。

下面将分别介绍其他 3 种语句。

任务实现

一、使用 for 语句

for 语句最为灵活，不仅可用于循环次数已经确定的情况，也可以用于循环次数虽然不确定，但是给出了循环继续条件的情况，它可以完全代替 while 语句，所以 for 语句也最为常用。

1. 引例

【例 5.1】求 1～100 的累加和。

```
main()
{ int  i,sum=0;                      /*将累加器 sum 初始化为 0*/
  for(i=1;i<=100;i++)  sum+=i;  /*实现累加*/
 printf("sum=%d\n",sum);}
```

程序运行结果如下：

```
sum=5050
```

【例 5.2】求 n 的阶乘 n！（n!=1*2*…*n）。

```
main()
{ int  i,n;
long  fact=1;                        /*将累乘器 fact 初始化为 1*/
printf("Input  n:"); scanf("%d", &n);
for  (i=1;i<=n;i++)  fact*=i;          /*实现累乘*/
printf("%d!=%ld\n",n,fact);}
```

程序运行情况如下：

```
Input  n:5✓
5!=120
```

注意：✓表示回车键，以后不再说明。

2. for 语句的一般格式

for （表达式 1;表达式 2;表达式 3）

{ 循环体语句组;}

3. for 语句的执行过程

（1）求解表达式 1。表达式 1 只执行一次，一般是赋值语句，用于初始化变量。

（2）求解表达式 2。如果其值为非 0（逻辑真），执行（3）；否则，转至（4）。

（3）执行循环体语句组，并求解表达式 3，然后转向（2）。

（4）执行 for 语句的下一条语句。

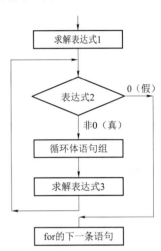

上述执行过程可表示为如图 5-1 所示的流程图。可见，表达式 2 为循环继续条件，循环次数由表达式 2 的值决定。

由 for 语句的执行过程可知，例 5.1 中 "for (i=1;i<=100;i++) sum+=i;"语句的执行过程如下：

（1）将数值 1 赋给变量 i；

（2）判断"i<=100"条件是否成立。如果成立，则转向（3）；否则转向（4）。

（3）执行"sum+=i"语句（实现累加）和"i++"表达式（实现变量 i 增 1），然后转向（2）。

（4）执行 for 语句的下一条语句。

通常将该程序中的变量 i 称为循环控制变量,控制循环的次数。

图 5-1　for 循环语句执行过程

4. 说明

（1）for 语句中的表达式 1、表达式 2 和表达式 3 均可缺省，甚至可以全部缺省，但其间的分号不能省略。例如，例 5.1 中的 for 语句可以改写为下面几种形式：

```
①  int  i=1,sum=0;           /*相当于表达式 1 放在 for 语句之前*/
   for （;i<=100;i++)
     sum+=i;
②  int  i=1,sum=0;
   for （;i<=100;)
     sum+=i++;               /*相当于表达式 3 放在循环体语句组中*/
③  int  i=1,sum=0;
   for （ ; ; ）             /*相当于表达式 2 放在循环体语句组中*/
     { sum+=i++;
       if （i>100) break; }  /*break 强制退出循环*/
```

实际上，除非是某些特殊应用，没有必要人为地故意缺省 for 语句行的某一表达式，因为这三个表达式所要实现的功能不在 for 语句行实现，必须在其他适当位置、以适当方式来实现。

（2）表达式 1，既可以是给循环控制变量赋初值的赋值表达式，也可以是与此无关的其他表达式（如逗号表达式）。例如：

```
for (i=1;i<=100;i++)  sum+=i;           /*与循环控制变量有关的赋值表达式*/
{i=0;
for (sum=0;i<=100;i++)  sum+=i;}        /*与循环控制变量无关的赋值表达式*/
for (sum=0,i=1;i<=100;i++)  sum+=i;  /*逗号表达式*/
```

（3）表达式2表示一个条件，除一般的关系（或逻辑）表达式外，也允许是数值（或字符）表达式。例如：

```
for (i=100;i;i--)  sum+=i;              /*表达式2是整型变量*/
```

（4）循环体语句组可以是单个语句、空语句，也可以是复合句。当循环体语句组是单个语句时，可以缺省花括号，如上例所示。循环体语句组为空语句，如下例所示：

```
for (i=1,sum=0;i<=100;sum+=i++);
for (i=1,sum=0;sum+=i++,i<=100;);
```

二、使用 while 语句

1. 引例

【例5.3】用 while 语句求 1～100 的累计和。

```
main()
{ int  i,sum;
  i=1;sum=0;                /*初始化循环控制变量 i 和累加器 sum*/
  while  (i<=100)
  { sum+=i;                 /*实现累加*/
    i++;}                   /*循环控制变量 i 增 1*/
printf("sum=%d\n",sum);}
```

程序运行结果如下：

```
sum=5050
```

【例5.4】输入一行字符，统计其中字母、数字和其他符号的个数。

```
#include  <stdio.h>
main()
{ char  ch;
  int  letters=0,digits=0,others=0;     /*letters 为字母个数，digit 为数字个数*/
                                        /*others 为其他符号个数*/
  printf("Please input a line characters:\n");
  ch=getchar();
  while  (ch!='\n')                     /*当按 Enter 键时结束输入*/
  { if (ch>='a'&&ch<='z'||ch>='A'&&ch<='Z')  letters++;
    else  if  (ch>='0'&&ch<='9')  digits++;
    else  others++;
ch=getchar();
```

```
}
  printf("letters:%d\n",letters);
  printf("digits:%d\n",digits);
  printf("others:%d\n",others);
}
```

程序运行情况如下：

```
Please input a line characters:
letters are 28,digits are 4,others are 8✓
letters:28
digits:4
others:8
```

2. while 语句的一般格式

```
while （表达式）
  { 循环体语句组；}
```

3. while 语句的执行过程

（1）求解表达式。如果其值为非 0（逻辑真），转向（2）；否则转向（3）。

（2）执行循环体语句组，然后转向（1）。

（3）执行 while 语句的下一条语句。

以上执行过程的流程图如图 5–2 所示。可见，表达式为循环继续条件，确定循环次数。

4. 说明

（1）while 语句的特点是"先判断，后执行"，因此，称为当型循环语句。如果表达式的值一开始就为 0（逻辑假），则"循环体语句组"一次也不执行。例如下面的程序：

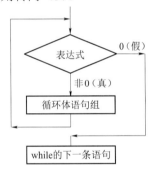

图 5–2　while 循环语句执行过程

```
main()
{ int  sum=0,i;
  printf("Input a number:");
  scanf("%d",&i);
  while  (i<=10)
  { sum+=i;i++;}
  printf("sum=%d\n",sum);}
```

程序运行情况如下：

```
Input a number: 1✓
sum=55
```

再运行一次，情况如下：

```
Input a number: 11✓
sum=0
```

（2）循环体语句组可以是单个语句、空语句，也可以是复合句。当循环体语句组是单个语句时，可以缺省花括号，如例 5.3 的 while 语句可改为：

```
while (i<=100)  sum+=i++;
```

（3）为使循环最终能够结束，不出现"无限循环"（即"死循环"），在循环体语句组中应有使表达式逐次趋于"逻辑假"的语句。例如，例 5.3 中的"i++;"语句、例 5.4 中的"ch=getchar();"语句。

（4）变量的初始值一般要在 while 语句之前赋给。例如，例 5.3 中的"i=0,sum=0;"语句、例 5.4 中的"int   letters=0,digit=0,others=0;"语句。

任务二　使用 do-while 语句

任务要求

本任务要求掌握 do-while 语句的正确使用。

任务实现

使用 do-while 语句

【例 5.5】用 do-while 语句求解 1～100 的累加和。

```
main()
{ int  i=1,sum=0;
  do
{ sum+=i;i++;}
  while  (i<=100);    /*循环继续条件：i<=100*/
printf("sum=%d\n",sum);}
```

程序运行结果如下：

```
sum=5050
```

【例 5.6】求满足 $1+1/2+1/3+\cdots+1/i>limit$ 的最小 i 值，limit 的值由键盘输入。

```
main()
{ int  i=0;
  double  sum=0.0,limit;
  printf("Please  input  limit:");
  scanf("%lf",&limit);
  do  { i++;sum+=1.0/i;}
  while  (sum<=limit);         /*循环继续条件*/
printf("i=%d\n",i);}
```

程序运行情况如下：

```
Please input limit:3.3✓
i=15
```

1. do-while 语句的一般格式

```
do { 循环体语句组;}
while (表达式);    /*本行的分号不能缺省*/
```

2. do-while 语句的执行过程

（1）执行循环体语句组。

（2）求解表达式。如果表达式的值为非 0（逻辑真），则转向（1）继续执行；否则，转向（3）。

（3）执行 do-while 的下一条语句。

以上执行过程的流程图如图 5-3 所示。可见，该循环语句比较适用于处理不论条件是否成立，先执行 1 次循环体语句组的情况。除此之外，do-while 语句能实现的，for 语句也能实现，并且更简洁。

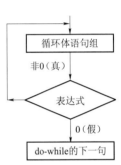

图 5-3　do-while 循环语句执行过程

3. 说明

（1）do-while 语句的特点是"先执行，后判断"，无论一开始表达式的值为非 0（真）还是 0（假），循环体语句组都至少被执行一次，这一点与 while 语句及 for 语句不同。

【例 5.7】计算 i～10 之间的整数之和（i 由键盘任意输入）。

```
main()
{ int sum=0,i;
  printf("Input a number:");
  scanf("%d",&i);
  do { sum+=i;i++;}
  while (i<=10);
  printf("sum=%d\n",sum);}
```

程序运行情况如下：

```
Input a number:1✓
sum=55
```

再运行一次，情况如下：

```
Input a number:11✓
sum=11
```

（2）while 语句中的（2）～（4）说明同样适用于 do-while 语句。

任务三　使用嵌套的循环结构

任务要求

本任务要求掌握循环的嵌套结构，能正确使用 break 语句、continue 语句。

任务实现

一、使用嵌套的循环结构

若循环语句中的循环体内又完整地包含另一个或多个循环语句，称为循环嵌套。前面介绍的三种循环都可以相互嵌套，循环的嵌套可以多层，但每一层循环在逻辑上必须是完整的。例如，二层循环嵌套（又称二重循环）结构如下：

```
for( ; ; )                    /*for()称为外循环*/
{
语句 1
 while ( )                    /* while 称为内循环*/
   {
      循环体                   /*for()中嵌套一个 while 循环*/
    }
 语句 2
  }
```

【例 5.8】在屏幕上输出下三角九–九乘法表。

程序如下：

```
main()
{ int i,j;
  for(i=1;i<=9;i++)
   {for(j=1;j<=i;j++)
     printf("%d*%d=%4d",i,j,i*j);
    printf("\n");
    }
}
```

运行结果如下：

```
1*1=1
2*1=2   2*2=4
3*1=3   3*2=6   3*3=9
4*1=4   4*2=8   4*3=12   4*4=16
5*1=5   5*2=10  5*3=15   5*4=20   5*5=25
6*1=6   6*2=12  6*3=18   6*4=24   6*5=30   6*6=36
```

```
7*1=7   7*2=14   7*3=21   7*4=28   7*5=35   7*6=42   7*7=49
8*1=8   8*2=16   8*3=24   8*4=32   8*5=40   8*6=48   8*7=56   8*8=64
9*1=9   9*2=18   9*3=27   9*4=36   9*5=45   9*6=54   9*7=63   9*8=72   9*9=81
```

【例 5.9】编程求 s=1!+2!+3!+…+10!。

程序如下：

```
main()
{ int i,j;
  long p,s=0;
  for(i=1;i<=10;i++)
   { p=1;
     for(j=1;j<=i;j++)
       p=p*j;
     s+=p;
   }
  printf("s=%ld\n",s);
}
```

【例 5.10】使用二重 for 循环编程打印下列图形。

```
          @
         @@@
        @@@@@
       @@@@@@@
      @@@@@@@@@
```

程序如下：

```
main()
{ int i,j,k;
   for(i=1;i<=5;i++)
   {
     for(j=20;j>=i;j--)
       printf("□");                /* □ 表示一个空格*/
     for(k=1;k<=2*i-1;k++)
       printf("@");
     printf("\n");
   }
}
```

说明：

（1）循环语句的循环体内又包含另一个完整的循环结构，称为循环结构的嵌套。内嵌的循环语句中还可以再嵌套循环结构，这样就形成多重循环结构的嵌套。

（2）for 语句、while 语句和 do-while 语句都允许嵌套。三种循环语句可以相互嵌套。

（3）内层的循环语句必须完全被包含在外层的循环体中，不能发生交叉。

二、使用 break 语句

1. 引例

【例 5.11】从键盘输入一个整数 n，判断 n 是否为素数。

```
main()
{ int n,i;
  printf("Input a number:");
  scanf("%d",&n);
  for (i=2; i<n; i++)
    if (n%i==0) break;     /*有任一数能整除就不是素数，不再继续循环*/
  if (i==n) printf("%d is a prime number.\n",n);
  else printf("%d is not a prime number.\n",n);
}
```

程序运行情况如下：

```
Input a number:19↙
19 is a prime number.
```

再运行一次，情况如下：

```
Input a number:27↙
27 is not a prime number.
```

2. break 语句的格式和功能

格式：break。

功能：强制跳出循环结构，转向执行循环语句的下一条语句。

3. 说明

（1）break 语句可用于三种循环语句的任意一种语句及 switch 语句中。如例 5.11 用于 for 循环语句中。

（2）循环嵌套时，内层循环体中的 break 语句只跳转到本层循环结构之后，而不是跳转到外层循环结构之后。

（3）break 语句给循环语句提供了一个非正常出口，使得循环结构有一个入口和两个出口，这是结构化程序设计所不允许的，因此不提倡使用。例如，例 5.11 的程序可改写为如下：

```
main()
{ int n,i;
  printf("Input a number:");
  scanf("%d",&n);
  for (i=2; i<n && n%i!=0; i++);          /*循环体语句组为空语句*/
  if (i==n) printf("%d is a prime number.\n",n);
  else printf("%d is not a prime number.\n",n);
}
```

三、使用 continue 语句

1. 引例

【例 5.12】 把 10～50 之间不能被 3 整除的数输出。

```
main()
{ int i=0,n=10;
  while (n<=50)
  { if (n%3==0) { n++;continue; } /*转向判断 while 后的表达式是否非 0（真）*/
    printf("%5d",n);
    i++; n++;
    if (i%10==0) printf("\n"); }
  printf("\n"); }
```

程序运行结果如下：

```
  10   11   13   14   16   17   19   20   22   23
  25   26   28   29   31   32   34   35   37   38
  40   41   43   44   46   47   49   50
```

2. continue 语句的格式和功能

格式：continue。

功能：跳过循环体其余语句。对于 for 循环语句，转向表达式 3 的计算；对于 while 和 do-while 循环语句，转向循环继续条件的判定。如例 5.12 中的 continue 语句用于 while 语句中，读者可把例 5.9 改用 for 语句和 do-while 语句实现。

break 和 continue 语句对循环控制的影响如图 5-4 所示。（注：exp2 为"循环继续条件"表达式）

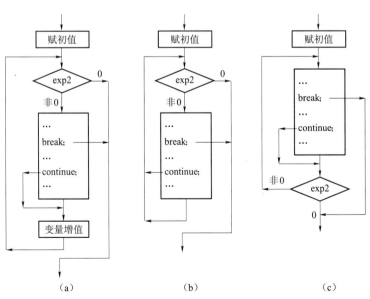

图 5-4 **break** 和 **continue** 语句对循环控制的影响

（a）for 语句；（b）while 语句；（c）do-while 语句

任务四　设计循环结构程序

任务要求

本任务要求使用 for 语句、do-while 语句实现循环结构程序的设计。

任务实现

设计循环结构程序

【例 5.13】求 Fibonacci 数列的前 20 个数。该数列的生成方法为：$F_1=1$，$F_2=1$，$F_n=F_{n-1}+F_{n-2}$（n>=3），即从第 3 个数开始，每个数等于前两个数之和。

1）算法设计要点

（1）根据题意，先使 f1=1，f2=1；生成数列的第 1 个和第 2 个数。

（2）通过 f1=f1+f2，f2=f2+f1；分别生成数列的第 3 个和第 4 个数。重复（2），每次生成两个数，依次可生成数列的前 20 个数。

（3）由于后产生的数要覆盖前面的数（用了相同的变量），因此，每产生两个数之后，先输出，然后再产生后两个数。

2）参考源程序

```
main()
{ long int f1=1,f2=1;              /*定义并初始化数列的前两个数*/
  int i;
for ( i=1;i<=10;i++ )             /*1组2个，10组20个数*/
{ printf ("%12ld %12ld",f1,f2);   /*输出当前的两个数*/
   if (i%3==0) printf("\n");      /*输出3次（6个数），换行*/
   f1+=f2;f2+=f1;                 /*计算后续两个数*/
}
 printf ("\n");
}
```

程序运行结果如下：

1	1	2	3	5	8
13	21	34	55	89	114
233	377	610	987	1597	2584
4181	6765				

【例 5.14】输出 10～100 之间的全部素数。

1）算法设计要点

（1）所谓素数 n，是指除 1 和 n 之外，不能被 2～（n-1）之间的任何整数整除的数。判断某数 n 是否为素数的算法：用 2～（n-1）之间的每一个数去整除 n（用循环结构），如果都不能被整除，则表示该数是一个素数；如果有任意一个数能整除，则该数就不是素数。

（2）再用一层循环结构，在循环体内用上面的算法逐个判断 10～100 之间的每一个数是否为素数，若是，则输出。

2）参考源程序

```
main()
{ int  n=11,i,count=0;
  for( ;n<=100;n+=2)              /*外循环：为内循环提供一个整数 n*/
{ for(i=2;i<=n-1;i++)            /*内循环：判断整数 n 是否为素数*/
        if(n%i==0) break;        /*n 不是素数，强制跳出内循环*/
if(i>=n)                         /*整数 n 是素数，输出，计数器加 1*/
      { printf("%5d",n);count++;
if(count%10==0) printf("\n");}   /*每输出 10 个数换一行*/
}
printf（"\n");
}
```

程序运行结果如下：

```
11  13  17  19  23  29  31  37  41  43
47  53  59  61  67  71  73  79  83  89
97
```

思考题：为提高程序运行速度，程序是否还可以优化？（提示：从减少循环次数的角度来考虑）

【例 5.15】用公式 $\frac{\pi}{4} \approx 1 - \frac{1}{3} + \frac{1}{5} - \frac{1}{7} + \cdots$ 求 π 的近似值，直到最后一项的绝对值小于 10^{-6} 为止。

1）算法设计要点

（1）用累加求和的方法计算多项式之和。

（2）多项式的分母为前一项的分母加 2，其符号为前一项的符号乘以 –1 实现交替变化。

2）参考源程序

```
#include  <math.h>
main()
{ double  pi=0,term=1;          /*term 为多项式的某一项*/
  long  deno=1;                 /*deno 为多项式的分母*/
  int  sign=1;                  /*sign 为多项式的符号*/
  do
  { pi+=term;
    deno+=2;
    sign*=-1;
    term=(double)sign/deno;}    /*sign 和 deno 均为整型变量*/
  while (fabs(term)>=1e-6);     /*调用 fabs()函数需包含 math.h 头文件*/
  pi*=4;
  printf("pi=%.8f\n",pi);
}
```

程序运行结果如下：

pi=3.14159065

项 目 小 结

1. for 语句

for 语句的一般格式为：

for（表达式1;表达式2;表达式3）

　　{ 循环体语句组;}

for 语句最常用的形式为：

for（循环变量赋初值;循环继续条件;循环变量增值）

　　{ 循环体语句组;}

2. while 语句

while（表达式）

　　{ 循环体语句组;}

为避免无限循环，在循环体中要有使表达式趋于假的语句。

3. do-while 语句

　do

　　{ 循环体语句组;}

　while（表达式）;　　　　　/*本行的分号不能缺省*/

为避免无限循环，在循环体中要有使表达式趋于假的语句。

4. 三种循环语句的比较

while 循环是 for 循环的一种简化形式，即 for 循环缺省表达式1和表达式3的形式，所以，for 语句可以完全代替 while 语句。

do-while 语句适用于处理不论条件是否成立，先执行1次循环体语句组的情况。除此之外，do-while 语句能够实现的，for 语句也能实现，并且更简洁。

5. 关于循环体语句组

循环体语句组可以是复合句，也可以是单个语句，甚至可以是空语句。若是单个语句或空语句，则花括号可以不要。

6. 循环结构的嵌套

使用嵌套的循环结构时，外层的循环结构必须完全包含内层循环，不能交叉嵌套。

7. break 语句和 continue 语句

break 语句强行结束循环，转向执行循环语句的下一条语句。由于 break 语句给循环结构提供了一个非正常出口，不符合结构化程序设计的要求，所以不提倡使用。

continue 语句跳过循环体其余语句，对于 for 循环，转向求解表达式3；对于 while 和 do-while 循环，转向循环继续条件的判定。

项目学习评价

序号	评价内容	评价要素	自我评价	教师评价	反思：学习过程中目标的完成情况如何？遇到了哪些困难？采取了什么样的解决方式？
1	学习态度	主动学习知识内容			
		独立完成工作任务			
		积极探索拓展内容			
2	基础知识	理解并熟知循环结构的概念、内容			
		掌握循环结构程序设计的方法			
		理解并熟知循环结构常见算法：累加、累乘等			
3	基本技能	可以使用循环语句设计简单循环结构程序			
		可以使用循环结构完成数据的输入、输出和处理			
4	拓展应用	输入一行数字，分别统计出其中的素数、2 的倍数和 3 的倍数			

注：评价档次采用 A（优秀）、B（良好）、C（合格）、D（不合格）四个水平。

习题与实训 <<<

一、单项选择题

1. 以下程序的输出结果是（   ）。

```
main()
{ int  a=-1,b=1,k;
  if  ((++a<0) &&!(b--<=0))
    printf("%d  %d\n",a,b);
  else
  printf("%d  %d\n",b,a) ;}
```

   A −1 1   B. 0 1   C. 1 0   D. 0 0

2. 若 x 是 int 型变量，则下面程序段的输出结果是（   ）。

```
for  (x=3;x<6;x++)  printf((x%2) ? ("**%d"):("##%d\n"),x);
```

   A. **3   B. ##3   C. ##3   D. **3##4

     ##4   **4   **4##5   **5

     **5   ##5

3. 定义如下变量：int n=10;，则下列循环的输出结果是（   ）。

```
while  (n>7)
{ n--; printf ("%d\n",n) ; }
```

   A. 10   B. 9   C. 10   D. 9

     9   8   9   8

     8   7   8   7

                                     7   6

4. 设 j 为 int 型变量，则下面 for 循环语句的执行结果是（   ）。

```
for  (j=10;j>3;j--)
{ if  (j%3)  j--;
  --j;--j;
 printf ("%3d\n",j) ; }
```

   A. 6 3   B. 7 4   D. 6 2   D. 7 3

5. 执行下面语句后，变量 i 的值是（   ）。

```
for  (i=1;i++<4;);
```

   A. 3   B. 4   C. 5   D. 不定

6. 运行以下程序后，如果从键盘上输入 china#<回车>，则输出结果为（   ）。

```
#include <stdio.h>
main()
{ int  v1=0,v2=0;
  char  ch;
  while  ((ch=getchar())! ='#')
```

```
switch （ch）
{ case 'a':
  case 'h':
    default: v1++:
    case '0':v2++;}
  printf ("%d, %d\n",v1,v2); }
```
A. 2，0   B. 5，0   C. 5，5   D. 2，5

7. 以下程序的输出结果是（   ）。
```
main()
{ int  x=10,y=10,i;
  for （i=0;x>8;y=++i)
    printf ("%3d%3d",x--,y);
printf ("\n");  }
```
A. 10 1 9 2   B. 9 8 7 6

C. 10 9 9 0   D. 10 10 9 1

8. 以下程序的输出结果是（   ）。
```
main()
{ int  n=4;
  while  (n--) printf ("%3d",--n);
printf ("\n") ; }
```
A. 2 0   B. 3 1   C. 3 2 1   D. 2 1 0

9. 以下循环体的执行次数是（   ）。
```
main()
{ int  i,j;
  for  (i=0,j=1;i<=j+1;i+=2,j--)
    printf ("%d\n",i) ; }
```
A. 3   B. 2   C. 1   D. 0

10. 执行下面程序段的结果是（   ）。
```
 int  x=23;
 do { printf ("%2d",x--);}
while (!x);
```
A. 打印出 321   B. 打印出 23

C. 不打印任何内容   D. 陷入死循环

11. 以下程序段的输出结果是（   ）。
```
int  x=3;
do { printf ("%3d",x-=2); }
while (! (--x));
```
A. 1   B. 3 0   C. 1 −2   D. 死循环

12. 在下列选项中，没有构成死循环的程序段是（　　）。

A. int i=100;
```
while (1)
{ i=i%100+1;
    if (i>100) break; }
```

B. for (; ;);

C. int k=1 000;
```
do { ++k; } while (k<=1 000);
```

D. int s=36;
```
while (s) --s;
```

13. 以下叙述正确的是（　　）。

A. do-while 语句构成的循环不能用其他语句构成的循环来代替

B. do-while 语句构成的循环只能用 break 语句退出

C. 用 do-while 语句构成的循环，在 while 后的表达式为非零时结束循环

D. 用 do-while 语句构成的循环，在 while 后的表达式为零时结束循环

14. 下面程序的输出结果是（　　）。
```
main()
{ int i,j;
  for (j=10;j<11;j++)
  { for (i=9;i<j;i++)
     if (!(j%i)) break;
     if (i=j-1) printf("%d",j); } }
```
A. 11　　　　B. 10　　　　C. 9　　　　D. 10 11

15. 以下程序的输出结果是（　　）。
```
main()
{ int i,j,x=0;
  for (i=0;i<2;i++)
  { x++;
    for (j=0;j<3;j++)
    { if (j%2) continue;
      x++; }
    x++;}
  printf("x=%d\n",x); }
```
A. x = 4　　　　B. x=8　　　　C. x=6　　　　D. x=12

16. 阅读下面的程序：
```
#include <math.h>
main()
{ float x,y,z;
  scanf("%f%f",&x,&y);
  z=x/y;
  while (1)
{ if (fabs(z)>1.0)
```

```
{ x=y;y=z;z=x/y;}
else  break; }
  printf("%f\n",y); }
```

　　若运行时从键盘上输入 3.6 和 2.4 并按回车键，则输出结果是（　　　）。

　　A．1.500000　　　　　　B．1.600000　　　　　　C．2.000000　　　　　　D．2.400000

17．执行下面的程序后，a 的值为（　　　）。

```
main()
{ int  a,b;
  for   (a=1,b=1;a<=100;a++)
  { if   (b>=20)  break;
    if   (b%3==1)  { b+=3;continue;}
    b-=5; }
  printf("%d\n",a); }
```

　　A．7　　　　　　　　B．8　　　　　　　　C．9　　　　　　　　D．10

18．设 x 和 y 均为 int 型变量，则执行下面循环后，y 值为（　　　）。

```
for   (y=1,x=1;y<=50;y++)
{ if   (x==10)  break;
  if   (x%2==1)  { x+=5;continue;}
  x-=3;}
```

　　A．2　　　　　　　　B．4　　　　　　　　C．6　　　　　　　　D．8

19．以下程序段的执行结果是（　　　）。

```
int  a=10,y=0;
do
{ a+=2;y+=a;
  printf("a=%d  y=%d\n",a,y);
  if  (y>20)  break;}
while  (a==14);
```

　　A．a=12　y=12　　　　　　　　　　　B．a=12　y=12
　　　　a=14　y=16　　　　　　　　　　　　　a=16　y=28
　　　　a=16　y=20
　　　　a=18　y=24
　　C．a=12　y=12　　　　　　　　　　　D．a=12　y=12
　　　　a=14　y=26
　　　　a=14　y=44

二、填空题

1．设 i，j，k 均为 int 型变量，则执行完下面的 for 循环后，k 的值为_____。

```
for   (i=0, j=10; i<=j; i++, j--)  k=i+j;
```

2．下面程序的功能是：计算 1 和 10 之间奇数之和以及偶数之和，请填空。

```
main()
```

```
{ int  a,b,c,i;
  a=c=0;
  for  (i=0;i<=10;i+=2)
  { a+=i;
    _____;
    c+=b;}
printf("偶数之和=%d\n",a);
printf("奇数之和=%d\n",c-11);}
```

3. 下面程序的输出结果是_____。

```
main()
{ int  x,i;
  for  (i=1;i<=50;i++)
  { x=i;
    if  (++x%2==0)
    if  (x%3==0)
    if (x%7==0)
    printf("%d\n",i);  }  }
```

4. 在执行以下程序时，如果从键盘上输入：ABCdef<回车>，则输出为_____。

```
#include <stdio.h>
main()
{ char  ch;
  while  ((ch=getchar()) != '\n')
  { if  (ch>='a'&&ch<='z')
    { ch=ch-32;
      printf("%c", ch);  }  }
  printf("\n");  }
```

5. 设有如下程序段：

```
int  i=0, sum=1;
do { sum+=i++;}
while (i<6);
printf("sum=%d\n",sum);
```

则其输出结果是_____。

6. 下面程序的功能是：输出 100 以内能被 3 整除且个位数为 6 的所有整数，请填空。

```
main()
{ int  i,j;
  for  (i=0;_____;i++)
  { j=i*10+6;
    if  (_____)  continue;
    printf("\n%d",j);}  }
```

三、实训题

1. 实训要求

（1）掌握用 while 语句、do-while 语句和 for 语句实现循环的方法。

（2）掌握 break 和 continue 语句在循环结构中的用法。

（3）掌握在程序设计中用循环结构实现各种算法（如累计、穷举、迭代、递推等）。

2. 实训内容

按要求编写程序，并上机调试运行。

（1）输入两个正整数，求它们的最大公约数和最小公倍数。在运行时，输入使 m>n 的值，观察结果是否正确。再输入使 m<n 的值，观察结果是否正确。

（2）输入一行字符，分别统计出其中的英文字母、空格、数字和其他字符的个数。在得到正确结果后，请修改程序，使其能分别统计大、小写字母、空格、数字和其他字符的个数。

（3）计算：1!+2!+3!+…+10!。分别用单循环结构和双重循环结构编程。

3. 分析与总结

（1）写出（或打印出）上机调试运行的源程序清单和运行结果。

（2）比较 while 语句、do-while 语句和 for 语句实现循环结构的不同特点。

（3）写出上机调试运行程序过程中出现的问题、解决办法和体会。

项目六 使用函数

函数是结构化程序设计思想在 C 语言中的重要体现，是实现复杂程序功能的基本模块。通常将一个复杂程序按照其功能分解成若干个功能相对独立的基本模块，然后分别进行每个模块的设计，最后将这些基本模块按照层次关系进行组装，完成复杂程序的设计。这些基本模块在 C 语言中就是用一个个函数来实现的。

本项目要求重点掌握函数的定义、声明和调用，其中函数参数的传递既是重点又是难点；熟练掌握函数的嵌套调用和递归调用；基本掌握内部变量和外部变量及内部函数和外部函数的概念和作用域；了解变量的动态存储与静态存储的概念和特点。

【本项目内容】
- 函数的定义与调用
- 函数的参数与返回值
- 变量的作用域
- 内部函数与外部函数
- 变量的动态存储与静态存储

【知识教学目标】
- 掌握函数的定义与调用方法
- 了解局部变量与全局变量的概念与作用范围
- 掌握变量的动态存储与静态存储

【技能培养目标】
- 程序模块划分
- 函数定义与调用
- 函数参数的运用

任务一　定义与调用函数

在 C 语言中，从用户使用的角度看，函数可以分为库函数和用户自定义函数两种。

C 语言提供了极为丰富的库函数，如前面各章例题中反复用到的 scanf()、printf()、getchar() 等函数均属于库函数。这类函数是由系统提供并定义好的，不必用户再去定义，用户只需掌握函数的功能，并学会正确地调用这些函数即可。

尽管 C 语言本身提供了众多的库函数，但与实际应用的需要相比，还是远远不够，因此 C 语言允许用户按需要定义和编写自己的函数。对于用户自定义函数，不仅要在程序中定义函数本身，即定义函数功能，并且在主调函数中，还必须对被调用函数进行声明，然后才能调用。下面将对用户自定义函数进行详细说明。

任务要求

本任务要求掌握函数的定义和调用。

任务实现

一、定义函数

1. 引例

【例 6.1】定义一个函数，用于求两个数中的大数。

```
main()
{ int  max(int  n1,int  n2);        /*声明 max()函数*/
  int  num,num1,num2;
  printf("Input  two  integer  numbers:\n");
  scanf("%d, %d",&num1,&num2);
  num=max(num1,num2);               /*调用 max()函数*/
  printf("max=%d\n",num);
  getch(); }                        /*使程序暂停，按任一键返回*/
int  max(int  n1,int  n2)           /*定义 max()函数*/
{ return  (n1>n2?n1:n2);}
```

程序运行情况如下：

```
Input  two  integer  numbers:
12,34↙
max=34
```

本例程序由 main()和 max()两个函数构成。在本案例中，max()函数的返回值是一个整型数，带两个整型参数，它们的具体值是由 main()函数在调用时传送过来的。max()函数体中的 return 语句把所求得的函数值返回给 main()函数。为了说明方便，通常将本例中的 main()函数称为主调函数，而把 max()函数称为被调用函数。

【例 6.2】输出一个文本信息框。

```
void  fun1(void)                                    /*定义 fun1()函数*/
{ printf("* * * * * * * * * * * *\n"); }
void  fun2(void)                                    /*定义 fun2()函数*/
{ printf("*   How  do  you  do!   *\n"); }
main()
{ fun1();                                           /*调用 fun1()函数*/
  fun2();                                           /*调用 fun2()函数*/
  fun1();                                           /*再次调用 fun1()函数*/
}
```

程序运行结果如下：

```
* * * * * * * * * * * * *
*    How  do  you  do!    *
* * * * * * * * * * * * *
```

本例程序由 fun1()、fun2()和 main()三个函数构成。fun1()函数和 fun2()函数既没有返回值，也没带参数，其功能就是完成一个操作过程，即输出一串文本信息。

2. 函数定义的一般形式

任何函数（包括主函数 main()）的定义都是由函数首部和函数体两部分组成的。其一般形式如下：

```
[类型名]  函数名([参数定义表])
    {   [声明部分]
        执行部分
    }
```

其中，第一行为函数首部，用来说明函数返回值的类型、函数名及函数所需参数的名称和类型；花括号中的部分为函数体，由声明部分和执行部分组成，声明部分用来声明执行部分中用到的变量和函数，执行部分用来描述函数完成的具体操作。

根据函数是否需要参数，可将函数分为无参函数和有参函数两种。下面分别予以说明。

1）无参函数定义的一般形式

```
类型名  函数名([void])              /* void 表示空类型*/
    {   [声明部分]
        执行部分；
    }
```

无参函数即函数没有参数，因此，函数首部的"参数定义表"可以缺省（但括号不能缺省），也可以用"void"表示。如例 6.2 中的 fun1()和 fun2()均为无参函数。

无参函数若无返回值，则其首部的类型标识符也用"void"表示。如例 6.2 所示。

2）有参函数定义的一般形式

```
类型名  函数名(类型名  参数名[，类型名  参数名 2…])
    {   [说明部分]
        执行部分
    }
```

有参函数在其参数定义表中定义了所需的每一个参数的类型和名称。每一个参数单独定义，参数定义之间用逗号"，"隔开。如例 6.1 中的 max()函数就是一个有参函数，在函数首部定义了函数返回值的类型为 int，函数名为 max，参数 n1 和 n2 均为 int 类型；函数体中完成的功能为：选出 n1 和 n2 中较大的一个数作为函数值返回。

调用有参函数时，主调函数将赋予这些参数实际的值。为了与主调函数提供的实际参数区别开，将函数首部定义的参数称为形式参数，简称形参，而将主调函数提供的实际参数简称为实参。

有参函数若无返回值，则其首部的类型标识符也用"void"表示。

3. 说明

（1）除 main()函数外，函数名和形参名都是由用户命名的标识符，即要求符合标识符的命名规则。

（2）函数定义不允许嵌套。在 C 语言中，所有函数（包括主函数 main( )）都是平行的。在一个函数的函数体内，不能再定义另一个函数，即不能嵌套定义。如例 6.1 和例 6.2 都体现了这一点。

（3）可以定义空函数。所谓空函数，是指既无参数，函数体又为空的函数。其一般形式为：

```
void  函数名(void)
   {  }
```

例如：

```
void  dummy(void)
     {  }
```

就是定义了一个空函数 dummy()。

调用空函数时，什么操作也不做，没有任何实际作用。通常，在程序设计中，将未编写好的功能模块暂时用一个空函数占一个位置，便于将来扩充。

（4）在旧版本的 C 语言中，参数定义表允许放在函数首部的第 2 行单独指定。例如，例 6.1 中的 max()函数可以写成以下形式：

```
int  max(n1,n2)
int  n1,n2;
{ return  (n1>n2? n1:n2); }
```

新标准中保留了这一用法，但不提倡这样使用，请读者在程序设计和阅读其他参考书时注意。

（5）主函数 main()的函数名 main 是系统定义的，main()函数若无参数，也可以用"void"表示 main()函数无返回值，其类型也可以表示为"void"，即 main()函数的首部可表示为：void main(void)。

（6）当一个 C 源程序由多个函数构成时，必须有唯一的 main()函数，main()函数在源程序中的位置可以任意，程序的执行总是从 main()函数开始，最终从 main()函数结束。如例 6.1 中 main()函数在其他函数之前，例 6.2 中 main()函数在其他函数之后。main()函数也可以在其他函数中间。

二、函数的返回值

函数的返回值就是调用函数求得的函数值。C 语言中的函数兼有其他语言中的函数和过程两种功能，从这个角度看，又可把函数分为有返回值函数和无返回值函数两种。有返回值函数相当于其他语言中的函数，而无返回值函数相当于其他语言中的过程。函数类型就是函数定义首部的类型名所定义的类型，即函数返回值的类型。

1. 函数返回值与 return 语句

函数的返回值是通过函数中的 return 语句来获得的。

return 语句的格式："return 表达式;"或"return（表达式）;"或"return;"。

return 语句的功能：返回主调函数，并将"表达式"的值带回给主调函数。

当程序执行到函数体的 return 语句时，程序的流程就返回到主调函数中调用该函数处，并将"表达式"的值作为函数值带回到调用处。例如，例 6.1 中的 max()函数，其中的"return (n1>n2?n1:n2);"语句的功能就是返回 main()函数的"num=max(num1,num2);"语句中，并将表达式"n1>n2?n1:n2"的值作为函数值赋给 num 变量。

无参函数和有参函数都可以有返回值，有返回值函数中必须有 return 语句，并可以根据需要有多个 return 语句，如例 6.1 中的 max()函数可改为：

```
int max(int n1,int n2)
{ if (n1>n2) return n1;
  else return n2;}
```

其功能完全一样。

无参函数和有参函数也都可以没有返回值，无返回值函数的末尾可以有一个不带表达式的 return 语句，或缺省 return 语句。如例 6.2 中的 fun1()和 fun2()函数都缺省了 return 语句。

【例 6.3】分别计算 1～100 的累加和与 1～10 的累乘积。

```
void add(int k)
{ int i;s=0;
  for (i=1;i<=k;i++) s+=i;
  printf("1+2+3+…+%d=%d\n",k,s);
  return; }
void fact(int k)
{ int i,p=1;
  for (i=1;i<=k;i++) p*=i;
  printf("%d! =%d\n",k,p);
  return; }
main()
{ int m=100,n=10;
  add(m);
  fact(n); }
```

程序运行结果如下：

```
1+2+3+…+100=5050
10!=24320
```

【例 6.4】分别计算 1～100 的累加和与 1～10 的累乘积。

```
int add()
{ int i,s=0;
  for (i=1;i<=100;i++) s+=i;
  return s; }
int fact()
{ int i, p=1;
  for (i=1;i<=10;i++) p*=i;
```

```
    return  p; }
main()
{ printf("1+2+3+…+100=%d\n",add());
  printf("10! =%d\n",fact()); }
```

程序运行结果如下：

```
1+2+3+…+100=5050
10!=24320
```

例 6.3 中的 add() 和 fact() 函数是有参而无返回值，例 6.4 中的 add() 和 fact() 函数是无参而有返回值。

2. 函数类型

函数类型就是函数定义首部的类型名所定义的类型，也就是函数返回值的类型，因此，在定义函数时，无返回值函数的类型定义为 void，有返回值函数的类型应与 return 语句中返回值表达式的类型一致。

当有返回值函数的类型定义与 return 语句中表达式的类型不一致时，则以函数类型定义为准，对于数值型数据，能自动进行类型转换，否则，按出错处理。

如果缺省函数类型定义，则系统一律按整型处理。例如，例 6.1 中的 max() 函数定义为 int 类型，其中的类型名 int 允许缺省。

【例 6.5】求两个实数中大数的整数值。

```
main()
{ int  max(float  x,float  y);
  float  a,b; int  c;
  printf("Input  two  float  numbers:");
  scanf("%f,%f",&a,&b);
  c=max(a, b);
  printf("max=%d\n", c) }
max(float  x, float  y)
{ float  z;
  z=x>y? x:y;
  return  z; }
```

程序运行情况如下：

```
Input  two  float  numbers: 3.6,5.8✓
max=5
```

该例中 max() 函数的定义缺省了类型名，系统默认为 int 类型，return 语句中的表达式 z 为 float 类型，其值 5.8 自动转换为整数 5 返回给 main() 函数中的"c=max(a,b);"语句并赋给变量 c。

三、对被调用函数的声明

1. 对被调用函数的声明

C 程序中的一个函数要调用另一个函数，必须具备以下两个条件：

（1）被调用函数已经存在。若是库函数，系统已经定义，否则需要用户自己定义。

（2）在主调函数中对被调用函数先声明，然后才能调用。

对被调用函数在调用前先声明，与使用变量之前要先进行变量定义是一样的。其目的是：使编译系统知道被调用函数返回值的类型，以及函数参数的个数、类型和顺序，便于调用时，对主调函数提供的参数值的个数、类型及顺序是否一致，函数值的类型是否正确等进行对照检查，保证调用的合法性。例如，例 6.1 主函数 main()中的"int max(int n1,int n2);"语句，例 6.5 主函数 main()中的"int max(float x,float y);"语句，都是对被调用函数的声明。

2．函数原型

在 ANSI C 新标准中，采用函数原型方式对被调用函数进行声明，其一般格式如下：

（1）类型名 函数名（类型名[,类型名…]）；

（2）类型名 函数名（类型名 参数名[,类型名 参数名 2…]）；

其中每个参数的"参数名"可以缺省，因为编译系统并不检查参数名，带上参数名只是为了提高程序的可读性。可见，函数原型与函数定义的首部是一致的，各参数的顺序也必须与函数首部定义的一致，但函数声明是单独作为一条说明语句，因此其末尾必须有分号"；"。例 6.1 和例 6.5 中对函数的声明分别可写成"int max(int,int);"和"int max(float,float);"形式。

3．说明

（1）C 语言规定，在以下两种情况下，可以省去对被调用函数的声明：

① 当对被调用函数的定义出现在主调函数之前时，可以缺省对被调用函数的声明。因为先定义的函数先编译，在编译主调函数时，被调用函数已经编译，其函数首部已经起到了声明的作用，即编译系统已经知道了被调用函数的函数类型、参数个数、类型和顺序，编译系统可以据此检查函数调用的合法性，而在主调函数中不必再声明。

例如，在例 6.2、例 6.3、例 6.4 都属于这种情况。

② 如果在所有函数定义之前，在函数外部（例如源文件开始处）预先对各个被调用函数进行了声明，则在主调函数中可缺省对被调用函数的声明。如例 6.5 可改为：

```
int  max(float,float);
main()
{ float  a,b; int  c;
  printf("Input  two  float  numbers:");
  scanf("%f,%f",&a,&b);
  c=max(a,b);
  printf("max=%d\n",c)  }
max(float  x,float  y)
{ float  z;
  z=x>y? x:y;
  return  z;}
```

程序功能未发生任何变化。

（2）函数定义和函数声明是两个不同的概念。

函数定义是对函数功能的确立，包括定义函数名、函数值的类型、函数参数及其函数体等，它是一个完整的、独立的函数单位。在一个程序中，一个函数只能被定义一次，并且是在其他任何函数之外进行的。

函数声明（有的书上也称为"说明"）则是把函数的名称、函数值的类型、参数的个数、类型和顺序通知编译系统，以便在调用该函数时编译系统对函数名称正确与否、参数的类型、个数及顺序是否一致等进行对照检查。在一个程序中，除上述可以缺省函数说明的情况外，所有主调函数都必须对被调用函数进行声明，并且一般是在主调函数的函数体内进行。

（3）对库函数的调用不需要声明，但必须把该库函数的头文件用 #include 命令包含在源文件开始处。

【例 6.6】 根据三角形三个边的长度求三角形的面积。

```
#include  <math.h>              /*调用 sqrt()函数需要包含的头文件*/
main()
{ float  a,b,c,s,area;
  printf("Input  three  float  numbers:\n");
  scanf("%f,%f,%f",&a,&b,&c);
  s=(a+b+c)/2;
  area=sqrt(s*(s-a)*(s-b)*(s-c));
  printf("area=%.2f\n",area); }
```

程序运行情况如下：

```
input  three  float  numbers:
3.0, 4.0, 5.0↙
area=6.00
```

这是因为头文件"math.h"中包含了所有数学函数的原型，将该文件的内容包含到程序的开头部分，相当于对所有数学函数作了声明。

四、调用函数

1. 函数调用的一般形式

C 语言中，函数调用的一般形式为：函数名([实际参数表])。

调用无参函数时，缺省实际参数表，但圆括号不能省略。实际参数表中的参数可以是常量、变量或表达式。如果实参不止一个，则相邻实参之间用逗号","分隔。

实参的个数、类型和顺序应该与被调用函数的形参所要求的个数、类型和顺序一致，才能正确地进行参数传递。

例如，例 6.1 中的函数调用"num=max(num1,num2);"，其实参个数、类型和顺序都与被调用函数 max()的形参所要求的个数、类型和顺序一致。

2. 函数调用的方式

按函数在程序中出现的位置，可分为以下 3 种函数调用方式。

（1）函数表达式。函数作为表达式的一项，出现在主调函数的表达式中，以函数返回值参与表达式的运算。这种方式要求函数是有返回值的。

例如，例 6.1 中的"num=max(num1,num2);"是一个赋值表达式语句，把 max()函数的返回值赋予变量 num。

（2）函数语句。C 语言中的函数可以只进行某些操作而不返回函数值，这时的函数调用可作为一条独立的语句，相当于其他语言中的子程序。这种方式要求函数是无返回值的。

例如，前面各章用到的库函数 printf()、scanf()函数等都是函数语句。再如，例 6.2 和例 6.3 中的函数调用也是函数语句的方式。

（3）函数实参。函数调用作为另一个函数调用的实际参数出现。这种情况是把被调用函数的返回值作为实参进行传送，因此要求被调用函数必须是有返回值的。这种调用方式的本质与（1）的调用方式相同。

例如，例 6.4 中的"printf("1+2+3+…+100=%d\n",add());"语句和"printf("10!=%d\n",fact());"语句，把 add()和 fact()函数调用的返回值作为 printf()函数的实参来使用。其执行过程是：先分别调用 add()或 fact()函数，然后将其返回值作为调用 printf()函数的实参。

3. 说明

（1）调用函数时，函数名必须与具有该功能的自定义函数名完全一致。

（2）实参在类型上按顺序与形参必须一一对应和匹配。如果类型不匹配，C 编译程序将按赋值兼容的规则进行转换。如果实参和形参的类型不赋值兼容，通常并不给出出错信息，并且程序仍然继续执行，只是得不到正确的结果。

（3）如果实参表中包括多个参数，对实参的求值顺序随系统而异。有的系统按自左向右顺序求实参的值，有的系统则相反。

【例 6.7】函数实参的求值顺序。

```c
#include "stdio.h"
main()
{ int  i=8;
  printf("%d,%d,%d,%d\n",++i,--i,i++,i--);
  }
```

这个程序在不同的编译系统中就会得到不同的结果。

应特别注意的是，无论是自左向右求值，还是自右向左求值，其输出顺序不变，即输出顺序总是和实参表中的顺序相同。

在程序设计中，应避免这种运行结果随编译系统而异的程序，上述程序可改为如下形式。

```c
#include "stdio.h"
void main()
{  int i=8;
   int a,b,c,d;
   a=++i;
   b=--i;
   c=i++;
   d=i--;
   printf("%d,%d,%d,%d\n",a,b,c,d);
   }
```

在 VC++ 6.0 系统下，这个程序的运行结果是：9,8,8,9。

五、函数的参数

1. 形参与实参的参数传递

函数的参数分为形参和实参两种，作用是实现参数传送。形参在函数首部定义，必然是变量形式，只能在该函数体内使用。实参在主调函数的函数调用表达式中提供，可以是表达式形式，函数调用时，主调函数把实参的值复制一份，传送给被调用函数的形参变量，从而实现主调函数向被调用函数的参数传递。

【例 6.8】 编写程序，计算 $\sum\limits_{i=0}^{n} i!$ 的值。

```
int  fact(int  n)
{ int  i;
  int  s=1;
  for  (i=1; i<=n; i++)  s=s*i;
  return  s; }
main()
{ int s=0;
  int  k,n;
  printf("Input  a  number:");
  scanf("%d",&n);
  for  (k=0; k<=n; k++)  s=s+fact(k);
  printf("1!+2!+…+%d!=%d\n",n,s);
}
```

程序运行情况如下：

Input a number:10✓

1!+2!+…+10!=4037914

本例程序中定义了一个 fact() 函数，计算 n! 的值。main() 函数通过 for 循环语句在循环体内调用 fact() 函数，并将实参 k 的值传递给形参变量 n，对 fact() 函数的返回值求和，存入变量 s 中。

2. 说明

（1）实参可以是常量、变量、表达式、函数等。无论实参是何种类型的量，在进行函数调用时，它们都必须具有确定的值，以便把这些值传送给形参。因此，应预先用赋值、输入等办法，使实参获得确定的值。

（2）形参变量只有在被调用时，才分配存储单元；调用结束时，即刻释放所分配的存储单元。因此，形参只有在该函数内有效。调用结束，返回主调函数后，则不能再使用该形参变量。

（3）实参对形参的数据传送是单向的值传递，即只能把实参的值传送给形参，而不能把形参的值反向地传送给实参。如下面程序所示。

```
void  swap(int  x, int  y)
```

```
{ int  t;
  t=x;  x=y;  y=t; }
main()
{ int a=10; b=20;
  swap(a,b);
  printf("a=%d,b=%d\n",a,b); }
```

程序运行结果如下：

```
a=10,b=20
```

上面程序中，main()函数调用 swap()函数，并将实参 a 和 b 的值分别传递给形参 x 和 y，在 swap()函数中交换了 x 和 y 的值，main()函数中 a 和 b 的值并未发生变化。

任务二　函数的嵌套和递归

任务要求

本任务要求掌握 C 语言中嵌套函数和递归函数的概念及使用方法。

任务实现

一、函数的嵌套调用

1. 引例

【例 6.9】验证任意偶数为两个素数之和并输出这两个素数。

假设验证的数放在变量 x 中，可依次从 x 中减去 i，i 从 2 变化到 x/2，步骤如下：

（1）i 初值为 2。

（2）判断 i 是否是素数。若是，执行步骤（3）；若不是，执行步骤（5）。

（3）判断 x-i 是否是素数。若是，执行步骤（4）；若不是，执行步骤（5）。

（4）输出结果。

（5）使 i 增 1。

（6）重复执行步骤（2），直到 i>x/2。

以上验证步骤可由函数 even()来完成，验证某数是否是素数由函数 isprime()来完成，若是，返回 1，若不是，返回 0。程序如下：

```
#include <math.h>
int  isprime(int);
void  even(int);
main()
{ int a;
  printf("Input a even number:");
```

```
    scanf("%d",&a);
    if (a%2==0)  even(a);
    else  printf("The %d isn't even number.\n",a); }
void  even(int  x)
{ int  i;
    for  (i=2; i<=x/2;  i++)
      if  (isprime(i))
        if  (isprime(x-i))
          printf("%d=%d+%d\n",x,i,x-i); }
isprime(int  a)
{ int  i;
    for (i=2; i<=sqrt(a); i++)
      if  (a%i==0)  return  0;   /*a 一旦能被某个数整除，即不是素数*/
    return  1; }                 /*a 不能被 2 到 √a 之间的任何数整除，即是素数*/
```

程序运行情况如下：

```
Input a even number:36↙
36=5+31
36=7+29
36=13+23
36=17+19
```

本例程序的执行过程是：在 main()函数中输入 a 变量的值后，判断其是否是偶数，若是，就调用函数 even()；在 even()函数的执行过程中又调用了自定义函数 isprime()函数和库函数 printf()函数。这种在一个函数的执行过程中又调用另一个函数的调用方式称为函数的嵌套调用。

2. 说明

（1）C 语言不允许函数嵌套定义，但允许在一个函数的函数体中出现对另一个函数的调用。所谓函数的嵌套调用，是指在执行被调用函数时，被调用函数又调用了其他函数。这与其他语言的子程序嵌套调用的情形是类似的，其关系如图 6-1 所示。

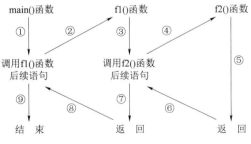

图 6-1 函数的嵌套调用示意图

（2）图 6-1 表示了两层嵌套的情形。其执行过程如下：

执行 main()函数中调用 f1()函数的语句时，即转去执行 f1()函数；在 f1()函数中调用 f2()函数时，又转去执行 f2()函数；f2()函数执行完毕，返回 f1()函数的断点，继续执行其后续语句；f1()函数执行完毕，返回 main()函数的断点，继续执行后续语句。

3. 举例

【例6.10】计算 $s=1^k+2^k+3^k+\cdots+n^k$。

本题可编写两个函数：一个是用来计算 n^k 的函数 f1()，另一个是用来计算累加和的函数 f2()。主函数 main()先调用 f2()计算累加和，再在 f2()中调用 f1()，由 f1()计算出 n^k 的值再返回 f2()函数，在循环结构中计算累加和。假设 k=4，n=5，程序如下：

```
#define  k  4
#define  n  5
long  f1(int  n,int  k)              /*计算 n 的 k 次方*/
{ long  power=n;
  int  i;
  for  (i=1;i<k;i++)  power*=n;
  return  power;
}
long  f2(int  n,int  k)              /*计算 1 到 n 的 k 次方的累加和*/
{ long  sum=0;
  int  i;
  for  (i=1;i<=n;i++)  sum+=f1(i,k);
  return  sum;
}
main()
{ printf("Sum  of  %d  powers  of  integers  from  1  to  %d=",k, n);
  printf("%d\n",f2(n,k));
  getch();
}
```

程序运行结果如下：

```
Sum of  4 power of  integers  from  1  to  5=979
```

在例 6.10 所示程序中，函数 f1()和 f2()均为长整型，都在主函数之前定义，故不必再在主函数中对 f1()和 f2()加以说明。

在主函数中，调用函数 f2()求 $\sum i^k$ 的值（i=1～n）。在 f2()中又发生对函数 f1()的调用，这时是把 i 和 k 的值作为实参去调用 f1()，在 f1()中完成求 i^k 的计算。f1()执行完毕，把 power 的值（即 i^k）返回给 f2()，再由 f2()通过循环实现累加，计算出结果再返回主函数。至此，由函数的嵌套调用实现了题目的要求。

由于数值可能会很大（如 k>5 且 n>10 时），所以函数和一些变量的类型都说明为长整型，否则会造成计算错误。

二、函数的递归调用

1. 引例

【例 6.11】用递归法计算 n!。

用递归法计算 n!，可用下述公式表示：

$$\begin{cases} n!=n \times (n-1)! & (n \geqslant 2) \\ 1!=1 & (n=1) \end{cases}$$

按公式可编程如下：

```
long power(int  n)
{ long  f;
  if  (n>1)  f=power(n-1)*n;
  else  f=1;
  return  (f);
}
main()
{ int  n;
  long  y;
  printf("Input  a  integer  number:");
  scanf("%d",&n);
  y=power(n);
  printf("%d!=%ld\n",n,y);
getch();
}
```

程序运行情况如下：

```
Input  a  integer  number:5✓
5! =120
```

本例程序的执行过程是：在 main()中输入 n 变量的值后，调用 power(n)，将实参 n 传递给形参 n，即进入函数 power()执行：当 n>1 时，再次调用 power(n-1)函数自身，将实参 n-1 传递给形参 n。由于每次调用的实参为 n-1，即把 n-1 的值赋给形参 n，最后当 n-1 的值为 1 时，再调用时，形参 n 的值也为 1，使调用过程终止。然后函数 power()逐层返回，直到返回 main()，将函数值赋给变量 y，然后输出。这种在一个函数的函数体内，直接或间接地调用它自身的调用方式，称为递归调用（如图 6-2 所示）。这种函数称为递归函数。

2. 说明

（1）函数的递归调用是 C 语言的一大特色，递归函数既是主调函数，同时又是被调用函数，执行递归函数将反复调用其自身。每调用一次，就进入新的一层。例如，在图 6-2 中，函数 f()为直接递归函数，函数 f1()和函数 f2()为间接递归函数。

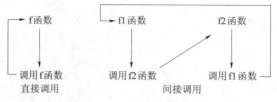

图6-2　函数的递归调用

（2）如果递归函数无休止地调用其自身，这当然是不正确的。为了防止递归调用无终止地进行，必须在函数内有终止递归调用的手段。常用的办法是加条件判断，满足某种条件后就不再做递归调用，然后逐层返回。这个条件称为递归结束条件。

```
int  f(int  n)        int  f1(int  n)        int  f2(int  n)
   { int  y;             { int  y;              { int  m;
   …                     …                      …
   z=f(y);               z=f2(y);               z=f1(m);
   return  z; }          return  z; }           return  z; }
```

（3）递归调用的执行过程分析。运行例6.11程序时，输入值为5，即求5!。在主函数中的调用语句即为y=power(5)，进入power()函数后，由于n=5，大于1，故执行f=power(n-1)*n，即f=power(5-1)*5。该语句对power()函数做递归调用，即power(4)。逐次递归展开，如图6-3所示。进行四次递归后，power()函数形参取得的值变为1，故不再继续递归调用，而开始逐层返回主调函数。

main()	power(5)	power(4)	power(3)	power(2)	power(1)
调用power(5) 输出120	5*power(4) 120	4*power(3) 24	3*power(2) 6	2*power(1) 2	1

图6-3　power()函数的递归调用图

power(1)的返回值为1，power(2)的返回值为1*2=2，power(3)的返回值为2*3=6，power(4)的返回值为6*4=24，最后返回值power(5)为24*5=120。

从上述执行过程分析可知，递归调用的执行过程可分为两个阶段：第一阶段为逐层调用，称为"回推"，第二阶段为逐层返回，称为"递推"，请读者在分析时注意，不要忽略了"递推"阶段。

（4）递归算法一般也可以用"递推"的循环结构来代替。例如例6.11的问题也可以用递推法编程，如例6.3程序中的fact()函数。递推法比递归法更容易理解和实现。但是有些问题则只能用递归算法才能实现。例如，著名的汉诺（Hanoi）塔问题就只能用递归法实现。有兴趣的读者可参考其他书籍。

3. 举例

【例6.12】用递归法将十进制整数转换为二进制整数。

```
void  fun(int  n)
{ if (n/2)  fun(n/2);
  printf("%d",n%2); }
main()
```

```
{ int a;
  printf("Input a integer number:");
  scanf("%d",&a);
  fun(a);
  printf("\n"); }
```

程序运行情况如下：

Input a integer number:<u>345</u>↙
101011001

请读者自己分析程序的执行过程。

任务三　认识内部变量与外部变量

C 语言中，将变量的有效范围称为变量的作用域，所有的变量都有自己的作用域，变量定义的位置不同，其作用域也不同，作用域是从空间角度对变量特性的一个描述。按照变量的作用域，将 C 语言中的变量分为内部变量和外部变量。下面分别讨论。

任务要求

本任务要求认识 C 语言的内部变量和外部变量，并且区分它们的差别。

任务实现

一、认识内部变量

1. 内部变量的概念和定义

在一个函数（包括 main()函数）内部或复合句内部定义的变量称为内部变量，自然，函数的形参属于内部变量。内部变量只在该函数范围内或该复合句范围内有效。也就是说，内部变量的作用域局限于定义它的函数或复合句内部，在此函数之外或此复合句之外就不能使用这些变量了。所以内部变量也称为局部变量。

前面使用的所有变量都属于内部变量，例如，本章例 6.9 的程序中，main()函数中定义的变量 a，其作用域局限于 main()函数内，在 even()和 isprime()函数中无效；even()函数中定义的变量 i 和形参 x 也只在该函数内有效；isprime()函数中定义的变量 i 和形参 a 的作用域也仅限于该函数内。

2. 说明

（1）主函数 main()中定义的内部变量，也只能在主函数中使用，其他函数不能使用。同时，主函数中也不能使用其他函数中定义的内部变量。因为主函数也是一个函数，与其他函数是平行关系。这一点是与其他语言不同的，应予以注意。

（2）形参变量也是内部变量，属于被调用函数；实参变量则是主调函数的内部变量。

（3）允许在不同的函数中使用相同的变量名，它们代表不同的对象，分配不同的存储单元，互不干扰，也不会发生混淆。例如，例 6.9 中 main()函数中变量 a（实参）和 isprime()函数中的形参 a 的变量名虽然相同，但它们分别是两个函数中的不同变量，分配不同的存储单元，具有不同的值。even()函数中的变量 i 和 isprime()函数中的变量 i 也是如此。

（4）在复合句中也可以定义变量，其作用域只在复合句范围内。

【例 6.13】输入任意三个整数，按从小到大的顺序输出。

```
main()
{ int num1,num2,num3;
  printf("Please input three numbers:");
  scanf("%d,%d,%d",&num1,&num2,&num3);
  if (num1>num2) { int temp;temp=num1;num1=num2;num2=temp; }
  if (num1>num3) { int temp;temp=num2;num2=num3;num3=temp; }
  if (num1>num2) { int temp;temp=num1;num1=num2;num2=temp; }
  printf("Three numbers after sorted: %d,%d,%d\n",num1,num2,num3);
}
```

程序运行情况如下：

```
Please input three numbers:8,0,5↙
Three numbers after sorted:0,5,8
```

本例中的 temp 变量，其作用域局限于复合句内。

二、认识外部变量

1. 外部变量的概念和定义

在函数外部定义的变量称为外部变量。外部变量不属于任何一个函数，其作用域是：从外部变量的定义位置开始，到本源文件结束为止。外部变量可被作用域内的所有函数直接引用，所以外部变量又称为全局变量。

【例 6.14】输入以秒为单位的一个时间值，将其转化成"时：分：秒"的形式输出。

```
int hh,mm,ss;
void convertime(long seconds)
{ hh=seconds/3600;
  mm=(seconds-hh*3600L)/60;
  ss=seconds-hh*3600L-mm*60;
}
void main(void)
{ long seconds;
  printf("hh=%d,mm=%d,ss=%d\n",hh,mm,ss);
  printf("Input a time in second: ");
  scanf("%ld",&seconds);
  convertime(seconds);
  printf("%2d: %2d: %2d\n",hh,mm,ss);
}
```

程序运行情况如下：

hh=0,mm=0,ss=0

Input a time in second: <u>41574</u>↙

11: 32: 54

本例在程序开始处定义了外部变量 hh、mm、ss，其作用域是整个源程序文件，main()和 convertime()函数中可以直接使用，不必再定义。外部变量的初值在编译时自动初始化成 0。在 main()函数中先输出变量 hh、mm、ss 的值 0 是编译系统自动初始化的结果，输入一个秒值到变量 seconds 中调用 convertime()函数完成转化过程，返回 main()函数后输出转化后的结果。

从本例可以看出，外部变量是除参数和函数返回值外函数之间进行数据传递的又一种方式。由于 C 语言中的函数只能返回一个值。当需要增加函数的返回值时，可以使用外部变量。本例中，在函数 convertime()中求得的外部变量 hh、mm、ss 的值，在 main()中仍然有效，从而实现了函数之间的数据传递。

2. 说明

（1）外部变量可以加强函数模块之间的数据联系，但又使这些函数依赖这些外部变量，因而使得这些函数的独立性降低。从模块化程序设计的观点来看这是不利的，因此不是非用不可时，不提倡使用外部变量。

（2）在同一源文件中，允许外部变量和内部变量同名。同名时，在内部变量的作用域内，外部变量将被屏蔽而不起作用。

【例 6.15】外部变量与内部变量同名。

```
int  a=3,b=5;
int max(int  a,int  b)
{ int  c;
  c=a>b?a:b;
  return  c;
}
main()
{ int  a=8;
  printf("max=%d\n",max(a,b));
}
```

程序运行结果如下：

max=8

本例中，main()函数中定义的内部变量 a 与外部变量同名，max()函数中定义的形参 a、b 也与外部变量同名。因此，在 main()函数中，外部变量 a 被屏蔽，调用 max()函数的实参 a 是内部变量，值为 8，实参 b 是外部变量，值为 5；在 max()函数中，外部变量 a、b 均被屏蔽，形参 a、b 的值为实参所传递，分别为 8 和 5，所以输出结果为 8。

从上例可以看出，外部变量与内部变量同名时容易混淆其作用域，因此在程序设计中应尽量避免其同名。

（3）外部变量的作用域是从定义点开始到本源文件结束为止。如果定义点之前的函数需要引用这些外部变量，需要在这些函数内对被引用的外部变量进行声明。

外部变量声明的一般形式为：

extern 类型名 外部变量 [,外部变量2…];

通过对外部变量的声明，将其作用域延伸到定义它的位置之前的函数中。

外部变量的定义和外部变量的声明是两回事。外部变量的定义必须在所有的函数之外，并且只能定义一次。而外部变量的声明出现在要使用该外部变量的函数内，并且可以出现多次。外部变量在定义时分配内存单元，并且可以初始化；外部变量声明时，不能再赋初值，只是表明在该函数内要使用这些外部变量。例如，例6.14的程序也可以编写成如下形式：

```c
void main(void)
{ extern int hh,mm,ss;
  void convertime(long);
long seconds;
  printf("hh=%d,mm=%d,ss=%d\n",hh,mm,ss);
  printf("Input a time in second: ");
  scanf("%ld",&seconds);
  convertime(seconds);
  printf("%2d: %2d: %2d\n",hh,mm,ss);
}
int hh,mm,ss;
void convertime(long seconds)
{ hh=seconds/3600;
  mm=(seconds-hh*3600L)/60;
  ss=seconds-hh*3600L-mm*60;
}
```

程序运行情况如下：

```
hh=0,mm=0,ss=0
Input a time in second: 41574✓
11: 32: 54
```

上面程序的功能和运行结果与例6.14的完全相同。外部变量hh、mm、ss和函数convertime()的定义位置在main()函数的定义之后，因此，在main()函数中要引用外部变量hh、mm、ss，就必须先声明，使其作用域延伸到该函数中才能引用。同理，在main()函数中对所要调用的convertime()函数也先做了声明。

任务四　认识内部函数和外部函数

函数在本质上是全局的，因为一个函数需要被其他函数调用。那么，当一个源程序由多个源文件组成时，在一个源文件中定义的函数，能否被其他源文件中的函数调用呢？C语言根据函数能否被其他源文件中的函数调用，将函数分为内部函数和外部函数。

任务要求

本任务要求认识 C 语言的内部函数和外部函数，并且区分它们的差别。

任务实现

一、认识内部函数

1. 内部函数的概念和定义

如果在一个源文件中定义的函数，只能被本源文件中的函数调用，而不能被同一程序中其他源文件中的函数调用，这种函数称为内部函数。内部函数的作用域局限于定义它的源文件内部。

定义一个内部函数，只需在函数定义的首部函数类型前再加一个"static"关键字即可，如下所示：

static　类型名　函数名(参数定义表)

　　{ 函数体 }

关键字"static"译成中文就是"静态的"，所以内部函数又称为静态函数。但此处"static"的含义不是指存储方式，而是指函数的作用域仅局限于本源文件内。

使用内部函数的好处是：不同的人编写不同的函数时，不用担心自己定义的函数是否会与其他源文件中的函数同名，因为同名也没有关系。

2. 举例

【例 6.16】编写程序，实现下列功能：

（1）计算某个范围内自然数的累加和；

（2）计算某个整数的阶乘值；

（3）求任意两个整数的最大公约数。

本程序由 prog.c、prog1.c、prog2.c 和 prog3.c 四个源文件构成，内容如下。

文件 prog.c 的内容：

```c
#include <conio.h>    /*调用库函数 getche()需要包含的头文件*/
main()
{ int i; char ch;
  void add(void);    /*对外部函数 add()的声明，缺省 extern*/
  extern  void  fact(void), void  ditui(void);
/*对外部函数 fact()和 ditui()的声明*/
  while (1)
  { printf("\n");
    printf("* * * MENU * * *\n");
    printf("*    1.add    *\n");
    printf("*    2.fact   *\n");
```

```
      printf("*    3.ditui    *\n");
      printf("*    0.tuichu    *\n");
      printf("Input the selection:");
      ch=getche(); printf("\n\n");
      i=ch-'0';
      switch (i)
      { case 1:add();  break;          /*调用外部函数 add()*/
        case 2:fact(); break;          /*调用外部函数 fact()*/
        case 3:ditui(); break;         /*调用外部函数 ditui()*/
        case 0:printf("Good bye!\n"); getch(); exit (1);
        default:printf("Input error(0~3 needed)!\n"); } } }
```

文件 prog1.c 的内容：

```
extern void add(void)              /*定义外部函数 add()*/
{ int n1,n2,sum;
  int fun(int,int);                        /*对内部函数 fun()的声明*/
  printf("Input n1,n2:");
  scanf("%d,%d",&n1,&n2);
  sum=fun(n1,n2);
  printf("%d+%d+…+%d=%d\n",n1,n1+1,n2,sum); }
static int fun(int a,int b)     /*定义内部函数 fun()*/
{ int i,sum=0;
  for (i=a;i<=b;i++) sum=sum+i;
  return sum; }
```

文件 prog2.c 的内容：

```
void fact(void)                /*定义外部函数 fact()，缺省 extern*/
{ long fun(int);               /*对内部函数 fun()的声明*/
  int n; long p;
  printf("Input n:");
  scanf("%d",&n);
  p=fun(n);
  printf("%d!=%ld\n",n,p); }
static long fun(int n)         /*定义内部函数 fun()*/
{ int i; long t=1;
  for (i=2;i<=n;i++) t=t*i;
  return t; }
```

文件 prog3.c 的内容：

```
void ditui(void)               /*定义外部函数 ditui()，缺省 extern*/
{ int fun(int,int);            /*对内部函数 fun()的声明*/
  int a,b,max;
```

```
  printf("Input a,b:");
  scanf("%d,%d",&a,&b);
  max=fun(a,b);
  printf("max=%d\n",max); }
static int fun(int x,int y)    /*定义内部函数 fun()*/
{ int r;
  while ((r=x%y)!=0)
  { x=y; y=r; }
  return y; }
```

本例程序中源文件 prog1.c、prog2.c、prog3.c 中都定义同名的内部函数 fun()函数，其内容各不相同，调用时不会混淆。

二、认识外部函数

1. 外部函数的概念和定义

如果在一个源文件中定义的函数，除了可以被本源文件中的其他函数调用外，也可以被其他源文件中的函数所调用，这种函数称为外部函数。外部函数的作用域是整个源程序。

外部函数的定义：在定义函数时，如果没有加关键字"static"，或冠以关键字"extern"，表示此函数是外部函数，如下所示：

[extern]　类型名　函数名(参数定义表)

　　　{ 函数体 }

与调用本源文件中的函数一样，需要对被调用的外部函数进行如下声明：

[extern]　类型名　函数名(参数类型表)[,函数名 2 (参数类型表 2)…];

例如，例 6.16 的程序在源文件 prog1.c 中定义了外部函数 add()，源文件 prog2.c 中定义了外部函数 fact()，源文件 prog3.c 中定义了外部函数 ditui()，源文件 prog.c 的 main()函数中对其所调用的外部函数都做了声明。

2. 多个源程序文件的编译和连接方法

在很多情况下，C 语言的源程序都很长，采用模块化程序设计的方法进行编码，就将产生多个源程序文件，例如例 6.16 所示的程序。如何将这些文件编译、连接成一个统一的可执行文件呢？

因为 C 编译程序是以源文件为编译单位的，所以，当一个程序中的函数分放在多个源文件中时，通常需要先将各文件分别编译，形成相应的目标（.obj）文件，再通过 link 命令连接产生一个可执行（.exe）文件。

3. 在 VC6.0 集成环境下对多个源程序文件的编译和连接方法

在 VC6.0 集成开发环境下，所有的源文件可以添加到一个工程项目中，当然，只有一个源文件中包含有 main 函数。在有 main 函数的源程序中，把需要调用的其他源文件中包含的函数名都声明一遍，如果确定不需要调用的函数，可以不进行声明。

只要将每个源文件都分别编译通过了，不论编辑窗口中打开的是哪一个源文件，此时都可以单击 ! 来运行程序，并查看结果。

任务五　认识变量的动态存储与静态存储

任务要求

本任务要求熟悉 C 语言中变量的动态存储与静态存储。

相关知识

动态存储和静态存储

在 C 语言中，每个变量都有两个属性：数据类型和存储类型。存储类型是指变量在内存中存储的方式。各种变量的作用域不同，就其本质来说是因变量的存储类型不同。变量的存储类型分为静态存储和动态存储两大类。

静态存储变量通常是在变量定义时，就分配存储单元并一直保持不释放，直至整个程序运行结束才释放。前面介绍的外部变量即属于此类存储方式。

动态存储变量是在程序执行过程中，使用它时才分配存储单元，使用完毕立即释放。典型的例子是函数的形式参数，在函数定义时并不给形参分配存储单元，只是在函数被调用时才予以分配，调用完毕立即释放。如果一个函数被多次调用，则反复地分配、释放形参变量的存储单元。

由此可知，静态存储变量是一直存在的，而动态存储变量则时而存在、时而消失。这种由于变量存储方式的不同而产生的特性，称为变量的生存期。生存期表示了变量存在的时间。生存期和作用域分别从时间和空间这两个不同的角度描述了变量的特性。这两者既有联系，又有区别。

一个变量究竟属于哪一种存储方式，并不能仅从其作用域来判断，还应有明确的存储类型定义。因此，变量定义的完整形式应为：

[存储类型]　数据类型　变量名[，变量名 2…]；

在 C 语言中，对变量的存储类型定义有以下四种：自动变量（auto）、寄存器变量（register）、外部变量（extern）、静态内部变量（static）。自动变量和寄存器变量属于动态存储方式，外部变量和静态内部变量属于静态存储方式。在介绍了变量的存储类型之后，对一个变量，不仅应定义其数据类型，还应定义其存储类型。

任务实现

一、内部变量的存储方式

1. 静态存储——静态内部变量

1）定义格式

```
static　数据类型　内部变量表；
```

2）存储特点

（1）静态内部变量属于静态存储，是在编译时为其分配存储单元的，其生存期为整个程序执行期间。在程序执行过程中，即使所在函数被调用结束也不释放，一直存在。但其他函数不能引用它们。

（2）静态内部变量是在编译时赋初值的，若只定义而不初始化，则自动赋以"0"（整型和实型）或"\0"（字符型），也即系统会自动初始化为"0"值。每次调用静态内部变量所在的函数时，不再重新赋初值，只是保留上次调用结束时的值。

【例 6.17】输出 1～4 的阶乘。

```
long  factorial(int);          /*函数声明*/
main()
{ int  num=1;
  for  (;num<=4;num++)  printf("%d! =%ld\n",num,factorial(num));
  getch(); }
long  factorial(int  n)
{ static  long  fact=1;        /*定义静态内部变量:只初始化 1 次*/
  fact*=n;
  return  (fact); }
```

程序运行结果如下：

1! =1

2! =2

3! =6

4! =24

3）应用说明

（1）当需要保留函数上一次调用结束时的值时，应使用静态内部变量。如例 6.17 所示。

（2）当变量定义并初始化后只被引用而不改变其值时，也可以使用静态内部变量，以避免每次调用时重新赋值。

（3）由于静态内部变量的作用域与生存期不一致，降低了程序的可读性，因此，除非对程序的执行效率有很大提高，一般不提倡使用。

2. 动态存储——自动局部变量（又称自动变量）

1）定义格式

[auto] 数据类型 自动变量表；   /*关键字"auto"可缺省*/

2）存储特点

（1）自动变量属于动态存储方式，是在函数被调用时为其分配存储单元的，其生存期为函数被调用期间，调用结束就释放。函数的形参也属于此类变量。在复合语句中定义的自动变量，其生存期为该复合句被执行期间。

（2）定义而不初始化时，其值是不确定的。如果定义并初始化，则赋初值操作是在函数被调用时进行的，并且每次调用都要重新赋一次初值。

（3）由于自动变量的作用域和生存期都局限于定义在它的个体内（函数或复合句），因此不同的个体中允许使用同名的变量而不会混淆。即使在函数内定义的自动变量，也可以与该函数内部的复合句中定义的自动变量同名。

注意：系统不会混淆，并不意味着人也不会混淆，所以尽量少用同名自动变量。

【例6.18】自动变量与静态内部变量的存储特性示例。

```
void  auto_static(void)
{  int  var_auto=0;                /*自动变量：每次调用都重新初始化*/
   static  int  var_static=0;  /*静态内部变量：只初始化1次*/
   printf("var_auto=%d,var_static=%d\n",var_auto,var_static);
   ++var_auto;
   ++var_static;
}
main()
{  int  i;
   for  (i=0;i<5;i++)  auto_static();
}
```

程序运行结果如下：

```
var_auto=0,var_static=0
var_auto=0,var_static=1
var_auto=0,var_static=2
var_auto=0,var_static=3
var_auto=0,var_static=4
```

3. 寄存器存储——寄存器变量

一般情况下，变量的值都是存储在内存中的。为了提高执行效率，C语言允许将内部变量的值存放到寄存器中，这种变量就称为寄存器变量。定义格式如下：

　　　register 数据类型 变量表；

（1）只有内部变量和形参变量才能定义成寄存器变量，即外部变量不行。

（2）对寄存器变量的实际处理，随系统而异。例如，微机上的MS C和Turbo C将寄存器变量实际当作自动变量处理。

（3）允许使用的寄存器数目是有限的，不能定义任意多个寄存器变量。一般将函数中使用频率最高的变量定义为寄存器变量，以此提高程序的执行效率。

【例6.19】输出1～4的阶乘。

```
long  factorial(int  n)
{ register  long  i,fact=1;      /*定义寄存器变量*/
  for  (i=1;i<=n;i++)fact*=i;
  return  (fact); }
main()
{ int  num;
  for  (num=1;num<=4;num++)  printf("%d! =%ld\n", num, factorial(num));
```

```
    getch();
}
```

程序运行结果如下：

1!=1

2!=2

3!=6

4!=24

二、外部变量的存储方式

与静态内部变量一样，外部变量属于静态存储方式。

如果程序由多个源文件构成，根据某个源文件中定义的外部变量能否被其他源文件中的函数所引用，将外部变量分两种：

（1）静态外部变量——只允许被本源文件中的函数引用，其定义格式为：

```
static  数据类型  外部变量表;
```

（2）非静态外部变量——允许被其他源文件中的函数引用。定义时缺省 static 关键字的外部变量，即为非静态外部变量。其他源文件中的函数，引用非静态外部变量时，需要在引用函数所在的源文件中进行如下声明：

```
[extern]  数据类型  外部变量表;          /*extern 可以缺省*/
```

【例 6.20】非静态外部变量示例：给定 b 的值，输入 a 和 m，求 a×b 和 a^m 的值。

该程序由 mainf.c 和 subf1.c 两个源文件组成。

mainf.c 文件的内容为：

```
int  a;                              /*定义非静态外部变量*/
main()
{ extern  int  power(int  n);       /*外部函数声明*/
  int  b=3, c, d, m;                 /*定义自动变量*/
  printf("Enter  the  number  a  and  its  power  m:\n");
  scanf("%d, %d", &a, &m);
  c=a*b;
  printf("%d×%d=%d\n",a,b,c);
  d=power(m);
  printf("%d**%d=%d\n",a,m,d);
}
```

subf1.c 文件的内容为：

```
extern  int  a;                      /*非静态外部变量声明，在函数外部*/
extern  int  power(int  n)          /*外部函数定义*/
{ int  i, y=1;
  for  (i=1;i<=n;i++)  y*=a;        /*引用非静态外部变量*/
  return  (y);
}
```

程序运行情况如下：

Enter the number a and its power m:

2, 5✓

2×3=6

2**5=32

在函数内的 extern 变量声明，表示引用本源文件中的外部变量，而函数外（通常在文件开头）的 extern 变量声明，表示引用其他源文件中的外部变量。例如，例 6.20 程序中 subf1.c 文件中对外部变量 a 的声明是在函数外部，表示 a 变量是在其他源文件中定义的变量。

另外，静态外部变量和非静态外部变量，在存储方式上并无不同，都是静态存储方式。两者的区别在于：非静态外部变量的作用域是整个源程序，当一个源程序由多个源文件组成时，非静态外部变量在各个源文件中都是有效的。而静态外部变量则限制了其作用域，即只在定义该变量的源文件内有效，在同一源程序的其他源文件中不能引用它。

静态内部变量和静态外部变量同属静态存储方式，但两者区别较大：

（1）定义的位置不同。静态内部变量在函数内定义，静态外部变量在函数外定义。

（2）作用域不同。静态内部变量属于内部变量，其作用域仅限于定义它的函数内；虽然生存期为整个源程序，但其他函数是不能引用它的。

静态外部变量在函数外定义，其作用域为定义它的源文件内；生存期为整个源程序，但其他源文件中的函数也是不能使用它的。

（3）初始化处理不同。静态内部变量，仅在第 1 次调用它所在的函数时被初始化，当再次调用定义它的函数时，不再初始化，而是保留上一次调用结束时的值。而静态外部变量是在函数外定义的，不存在静态内部变量的"重复"初始化问题，其当前值由最近一次给它赋值的操作决定。

注意：把内部变量改变为静态内部变量后，改变了它的存储方式，即改变了它的生存期。把外部变量改变为静态外部变量后，改变了它的作用域，限制了它的使用范围。因此，关键字"static"在不同的地方所起的作用是不同的。

项 目 小 结

1. 函数的定义

C 语言是通过函数实现模块化程序设计的。任何函数（包括主函数 main()）都是由函数首部和函数体两部分组成的。其一般结构如下：

```
类型名  函数名（参数定义表）
    { 说明部分；
      执行部分；
    }
```

无参函数的参数定义表用"void"表示，无返回值函数的类型名也用"void"表示。

2. 函数的返回值

有参函数的返回值，是通过函数中的 return 语句来实现的。return 语句的一般格式为：

```
return  (表达式);
```

3. 函数的声明

在调用自定义函数之前，应对该函数（称为被调用函数）进行声明。ANSI C 新标准中，采用函数原型方式，对被调用函数进行声明，其一般格式如下：

```
类型名　被调用函数名(类型名[参数名][，类型名[参数名2]…]);
```

4. 函数的调用

函数调用的一般形式为：函数名（[实际参数表]）

调用无参函数时，缺省实际参数表，但圆括弧不能省略。

实参的个数、类型和顺序，应该与被调用函数所要求的参数个数、类型和顺序一致，才能正确地进行数据传递。另外，实参对形参的数据传送是单向的，即只能把实参的值传送给形参，而不能把形参的值反向地传送给实参。

5. 内部变量与外部变量

在一个函数内部定义的变量是内部变量，它只在该函数范围内有效。所以内部变量也称局部变量。

在函数外部定义的变量称为外部变量。外部变量不属于任何一个函数，其作用域是：从外部变量的定义位置开始，到本源文件结束为止。外部变量可被作用域内的所有函数直接引用，所以外部变量又称全局变量。

当定义点之前的函数需要引用这些外部变量时，需要在函数内对被引用的外部变量进行声明。外部变量声明的一般形式为：

```
extern  类型名　外部变量[，外部变量2…];
```

6. 内部函数和外部函数

函数在本质上是全局的。C 语言根据函数能否被其他源文件中的函数调用，将函数分为内部函数和外部函数。

内部函数只能被本源文件中的函数调用。定义一个内部函数，只需在函数类型前再加一个"static"关键字即可。

外部函数除可被本源文件中的其他函数调用外，也可被其他源文件中的函数调用，要定义一个外部函数，只需在函数类型前冠以关键字"extern"即可（可缺省）。

7. 变量的存储类型

在 C 语言中，每一个变量都有两个属性：数据类型和存储类型。因此，变量定义的完整形式为：

```
[存储类型]　数据类型　变量名[,变量名2…];
```

缺省存储类型时，对于内部变量，采用动态存储，即自动变量；对于外部变量，采用静态存储，即非静态外部变量。

8. 静态内部变量

静态内部变量（static　数据类型　内部变量表;）的存储特点：只在定义它的函数内有效；定义但不初始化，则自动赋以"0"（整型和实型）或"\0"（字符型）；并且每次调用它们所在的函数时，不再重新赋初值，只是保留上次调用结束时的值。

9. 自动局部变量

自动局部变量（又称自动变量：[auto]　数据类型　变量表;）的存储特点：只在定义它的函数内有效；定义而不初始化，则其值是不确定的。如果初始化，则赋初值操作是在调用时进行的，且每次调用都要重新赋一次初值。

10. 静态外部变量与非静态外部变量

根据某个源文件中定义的外部变量能否被其他源文件中的函数所引用，外部变量分两种：静态外部变量只允许被本源文件中的函数所引用（static　数据类型　外部变量表;）；非静态外部变量（定义时缺省 static 关键字的外部变量）还允许被其他源文件中的函数所引用。

其他源文件中的函数，引用非静态外部变量时，需要在引用函数所在的源文件中进行声明：[extern]　类型名　外部变量表。

在函数内的 extern 变量声明表示引用本源文件中的外部变量，而函数外（通常在文件开头）的 extern 变量声明，表示引用其他源文件中外部变量。

项目学习评价

序号	评价内容	评价要素	自我评价	教师评价	反思：学习过程中目标的完成情况如何？遇到了哪些困难？采取了什么样的解决方式？
1	学习态度	主动学习知识内容			
		独立完成工作任务			
		积极探索拓展内容			
2	基础知识	理解定义与调用函数的概念和内容			
		掌握函数的定义与调用的方法			
		了解局部变量与全局变量的概念与作用范围			
		掌握变量动态存储与静态存储的概念和内容			
3	基本技能	可以编写简单模块划分的程序			
		可以完成函数定义与调用的操作			
		掌握函数参数的运用			
4	拓展应用	编写判断一个数是否为 3 的倍数的函数，在主函数中输入一个整数，输出结果信息			

注：评价档次采用 A（优秀）、B（良好）、C（合格）、D（不合格）四个水平。

习题与实训 <<<

一、单项选择题

1. 以下说法中正确的是（   ）。

    A. C 语言程序总是从第一个定义的函数开始执行

    B. 在 C 语言程序中，要调用的函数必须在 main()函数中定义

    C. C 语言程序总是从 main()函数开始执行

    D. C 语言程序中的 main()函数必须放在程序的开始部分

2. 有以下程序：

```
void  fun(int  a,int  b,int  c)
{ a=456;b=567;c=678; }
main()
{ int  x=10,y=20,z=30;fun(x,y,z);
  printf("%d,%d,%d\n",x,y,z); }
```

其输出结果是（   ）。

    A. 30，20，10   B. 10，20，30

    C. 456，567，678   D. 678，567，456

3. 在 C 语言程序中，当调用函数时，下面说法正确的是（   ）。

    A. 实参和形参各占一个独立的存储单元

    B. 实参和形参可以共用存储单元

    C. 可以由用户指定实参和形参是否共用存储单元

    D. 前面都不正确

4. C 语言规定，程序中各函数之间（   ）。

    A. 既允许直接递归调用，也允许间接递归调用

    B. 既不允许直接递归调用，也不允许间接递归调用

    C. 允许直接递归调用，不允许间接递归调用

    D. 不允许直接递归调用，允许间接递归调用

5. 下面程序运行后的输出为（   ）。

```
int  x,y;
void  f()
{ int  a=18,b=16;x=x+a+b;y=y+a-b; }
main()
{ int  a=9,b=8; x=a+b;y=a-b; f();
  printf("%d,%d\n",x,y); }
```

    A. 51，3   B. 34，2   C. 17，1   D. 前面都不正确

6. 有以下程序：

```
int  abc(int  u,int  v);
main()
```

```
{ int a=24,b=16,c; c=abc(a,b);
  printf("%d\n",c); }
int abc(int u,int v)
{ int w;
  while (v) { w=u%v;u=v;v=w;}
  return u; }
```

其输出结果是（   ）。

    A. 6   B. 7   C. 8   D. 9

7. 下列变量中，变量的生存期和作用域不一致的是（   ）。

    A. 自动变量   B. 定义在文件最前面的外部变量

    C. 静态内部变量   D. 寄存器变量

8. C 语言中形参的缺省存储类别是（   ）。

    A. 自动（auto）   B. 静态（static）

    C. 寄存器（register）   D. 外部（extern）

9. 下列程序执行后输出的结果是（   ）。

```
int f(int a)
{ int b=0;
  static c=3;
  a=c++,b++;
  return (a); }
main()
{ int a=2,i,k;
  for (i=0;i<2;i++) k=f(a++);
  printf("%d\n",k); }
```

    A. 3   B. 0   C. 5   D. 4

10. 运行下面程序后的输出为（   ）。

```
main()
{ int f(int x);
  int a=2,i;
  for (i=0;i++<3;) printf("%d",f(a));
  printf("\n"); }
int f(int x)
{ int y=0;
  static z=3;
  y++;z++;
  return (x+y+z); }
```

    A. 789   B. 777   C. 788   D. 都不正确

11. 在一个 C 源程序文件中，如要定义一个只允许本源文件中所有函数使用的全局变量，则该变量需要使用的存储类别是（   ）。

A. extern   B. register   C. auto   D. static

二、填空题

1. 运行下面程序后的输出是_____。

```
void  fun(int  x,int  y);
main()
{ int a=1,b=2;
  fun(a,b);
  printf("a=%d,b=%d\n",a,b); }
void  fun(int  x,int  y)
{ x++; ++y;
  printf("\nx=%d,y=%d\n",x,y); }
```

2. 运行下面程序后的输出是_____。

```
int  f(int  n)
{ int  k=1;
  do { k*=n%10; n/=10;} while (n);
  return  k; }
main()
{ printf("%d\n",f(36)); }
```

3. 以下程序的输出结果为_____。

```
float  f(float  x,float  y)
{ x+=1;y+=x;return  y; }
main()
{ float  a=1.6,b=1.8;
   printf("%f\n",f(b-a,a)); }
```

4. 运行下面程序后的输出是_____。

```
float  f1(float  a,float  b)
{ float  f2(float,float);
  a+=a;b+=b;
  return  f2(a,b); }
float  f2(float  a,float  b)
{ int  c;c=(int)(a*b)%5;
  return  c*c; }
main()
{ float  x=3,y=2;
  printf("%f\n",f1(x,y)); }
```

5. 下面程序的输出结果是_____。

```
#include <stdio.h>
fun(int  x)
{ int  p;
```

```
  if  (x==0||x==1)  return  (3)
  p=x-fun(x-2);
  return  p;}
main()
{ printf("%d\n",fun(9)); }
```

6. 下面程序的输出结果是_____。

```
int  b=0;
int  fun(int  a);
main()
{ int  a=2,i;
  for  (i=0;i<3;i++)
    printf("%4d",fun(a));
  printf("\n"); }
int  fun(int  a)
{ static  int  c=3;
  a=a+1;
  b+=1;
  c+=1;
  return  (a+b+c); }
```

7. 下面程序的输出结果是_____。

```
extern  int  n;
void  derement(void)
{ n-=20; }
int  n=100;
void  main(void)
{ printf("n=%d\n",n);
  for  (;n>=60;)
    { derement();
      printf("n=%d\n",n); } }
```

8. 下面程序的输出结果是_____。

```
static  int  a=5;
void  fun1(void)
{ printf("a*a=%d\n",a*a);
  a=2; }
void  fun2(void)
{ printf("a*a*a=%d\n",a*a*a); }
main()
{ printf("a=%d\n",a);
  fun1();
```

```
    fun2(); }
```

三、实训题

1. 实训要求

（1）加深理解结构化程序设计的思想；

（2）掌握函数的定义、说明和调用方法；

（3）理解和掌握函数实参与形参的对应关系，以及"单向值传递"的特点；

（4）学会函数的嵌套调用和递归调用的程序设计方法；

（5）了解全局变量、局部变量、动态变量和静态变量的概念与使用方法。

2. 实训内容

编写下列程序，并上机调试运行。

（1）编写一个判断素数的函数，在主函数输入一个整数，输出是否为素数的信息。

本程序应当准备以下测试数据：17、34、2、1、0。分别输入数据，运行程序，并检查结果是否正确。

（2）编写程序计算 $s = 1 + \dfrac{1}{2!} + \dfrac{1}{3!} + \cdots + \dfrac{1}{n!}$。n 由终端输入，n 的位数不确定，可以是任意的整数。将计算 n! 定义成函数。

把 main()函数和计算 n! 的函数放在同一个源程序文件中，作为一个源文件进行编译、连接和运行。

（3）用递归法将一个整数转换成字符串。例如，输入 483，应输出字符串"483"。

（4）求两个整数的最大公约数和最小公倍数。用一个函数求最大公约数；用另一函数根据求出的最大公约数求最小公倍数。

① 不用全局变量。在主函数中输入两个整数，并传送给函数 1，求出的最大公约数返回主函数，然后再与两个整数一起作为实参传递给函数 2，以求出最小公倍数，返回到主函数，输出最大公约数和最小公倍数。

② 用全局变量的方法。分别用两个函数求最大公约数和最小公倍数，但其值不由函数带回。将最大公约数和最小公倍数都设为全局变量，在主函数中输出它们的值。

3. 分析与总结

（1）写出（或打印出）上机调试运行的源程序清单和运行结果。

（2）将第 2（3）题用循环结构编程实现，比较用递归法和循环结构实现的不同特点。

（3）比较第 2（4）题使用全局变量和不使用全局变量的两种方法各有什么不同特点。哪种方法更值得提倡？

（4）写出上机调试运行程序过程中出现的问题、解决办法和体会。

项目七 使用数组

数组是 C 语言提供的构造数据类型，使用数组可以有序存放一组相关的具有相同类型的数据。本项目主要介绍数组的定义与引用方法。

【本项目内容】
- 数值型数组的定义与引用
- 字符型数组的定义与引用
- 字符串的处理
- 数组作为函数参数

【知识教学目标】
- 了解数组的概念、掌握数组的定义与引用方法
- 数组初始化，能正确引用数组
- 字符数组的存储与处理
- 数组的应用

【技能培养目标】
- 应用数组处理数据的输入与输出
- 数组作为函数的参数的应用

任务一 使用一维数组

数组是相同类型数据的有序集合。数组描述的是相同类型的若干个数据按照一定的先后次序排列组合。其中每一个数据称作一个数组元素，每个数组元素可以通过一个或多个下标来访问它们。例如，全班 40 名学生成绩都是单精度类型，并且按照学号的顺序排列组合而成一个数组。为了区分不同的数组，每个数组用一个名字来表示，称为数组名。40 名学生的成绩可表示为 a [0]，a [1]，…，a [39]，用它们分别来存放第 1 名学生的成绩、第 2 名学生的成绩、…、第 40 名学生的成绩。

数组有以下两个特点：

（1）长度是确定的，在定义的同时确定其大小，在程序中不允许随机变动。

（2）元素必须是相同类型，不允许出现混合类型。

任务要求

本任务要求掌握一维数组的定义、遍历和初始化，同时还要求会使用一维数组解决问题。

任务实现

一、定义一维数组

1. 数组的定义

数组是一组有序数据的集合，数组中每一个元素的类型相同。用数组名和下标来唯一确定数组中的元素。

一维数组的定义格式为：

类型说明符 数组名[常量表达式],…;

例如：

```
int   num[10];
float  score[40];
char  name[20];
```

2. 说明

（1）C 语言中，数组下标从 0 开始。

（2）常量表达式中可以包含数值常量和符号常量，不允许包含变量，即 C 语言不允许对数组的大小做动态定义。例如，下面程序段中的数组常量 n 的使用方法是不允许的。

```
int n;
scanf("%d",&n);
int a[n];
```

（3）C 编译系统为数组在内存中按照元素的排列顺序开辟了一片连续的存储单元，如引例中定义的数组 a[10]。其存储形式如图 7-1 所示。

a[0]	a[1]	a[2]	a[3]	a[4]	a[5]	a[6]	a[7]	a[8]	a[9]

图 7-1　一维数组元素的存储

【例 7.1】使数组元素 a[0]～a[9]的值为 0～9，然后逆序输出。

```
main()
{   int i,a[10];
    for (i=0;i<=9;i++)
    a[i] = i;
    for(i=9;i>=0;i--)
    printf("%d",a[i]);
}
```

程序运行输出：

```
9 8 7 6 5 4 3 2 1 0
```

本题中定义一个数组，数组名是 a，有 10 个元素，每个元素的类型均为 int。这 10 个元素分别是 a[0]，a[1]，a[2]，a[3]，a[4]，…，a[8]，a[9]。

二、遍历一维数组

C 语言规定只能逐个引用数组元素而不能一次引用整个数组。数组元素的引用形式为：

数组名[下标表达式]

其中，"下标表达式"可以是整型常量、整型变量或整型表达式，其值均为非负数。例如，在说明"int a[10];"中，a[5]表示数组中第 6 个数组元素。a[2*4]表示数组中第 9 个数组元素，a[i](0≤i<10)表示数组中第 i+1 个数组元素。

【例 7.2】有如下程序：

```
main()
{ int i,j,a[3];
  for(i=0;i<2;i++)
    scanf("%d",& a[i]);
  a[2]=a[0]+a[1];
  printf("%d",a[2]);
}
```

题中 a[2]=a[0]+a[1]就是引用数组的实例。

注意：C 语言规定，不能引用整个数组，只能逐个引用数组元素。

三、初始化一维数组

【例 7.3】有如下程序：

```
main()
{ int a[3]={1,2,3};
  printf("%d",a[1]);
}
```

int a[3]={1,2,3}是数组的初始化。所谓初始化，是指在定义时指定初始值，编译器把初值赋给数组变量。

1. 在编译阶段赋初值

1）对全部数组元素赋初值

例如：

```
int  a[6]={1,2,3,4,5,6};
```

数组元素的个数和花括号中初值的个数是相同的，并且从左到右花括号中初值依次赋给每个数组元素。即 a[0]=1,a[1]=2,a[2]=3,a[3]=4,a[4]=5,a[5]=6。

当给数组全部元素赋初值时，可以省略数组长度。如：

```
int  a[]={10,20,30,40,50};
```

系统将根据赋初值的个数确定数组长度。上述大括号内共有 5 个初值，说明数组 a 的元素个数为 5，即数组长度为 5。

2）可以只给一部分元素赋初值

例如：

```
int  a[10]={0,1,2,3,4};
```

定义 a 数组有 10 个元素，但花括号中只提供了 5 个初值，表示只给前 5 个数组元素 a[0]～a[4]赋初值，后面 5 个元素 a[5]～a[9] 未指定初值，系统自动赋 0。但若定义 a 数组为 int a[10]={0};，则系统默认全部元素初值为 0。

2. 在运行阶段赋初值

```
int  a[10],i;
for(i=0;i<10;i++)
  scanf("%d",&a[i]);
```

3. 注意事项

当程序不给数组指定初始值时，编译器作如下处理：

（1）编译器自动把静态数组的各元素初始化为 0。

（2）编译器不为动态数组自动指定初始值。

（3）如果全部元素均指定初值，定义中可以省略元素的个数。

例如：[static] int a[5] = {1,2,3,4,5};可以写为:[static] int a[ ] = {1,2,3,4,5};

　　　　int a[10]={0};等价于 static int a[10];但不等价于 int a[10];

　　　　int a[5]={1,2};等价于 int a[5]={1,2,0,0,0};但不等价于 int a[ ]={1,2};

四、使用一维数组

【例 7.4】用数组来处理 Fibonacci 数列的前 20 项。

$$\begin{cases} f[1]=f[2]=1 \\ f[n]=f[n-1]+f[n-2] \quad (n \geqslant 3) \end{cases}$$

程序如下：

```
main()
 { int i;
 static int f[20] = {1,1};          /* f[1]、f[2]已知 */
   for(i=2;i<20;i++)
     f[i] = f[i-1] + f[i-2];
   for(i=0;i<20;i++)
   { if (i%5 = = 0) printf("\n");
    printf("%12d",f[i]);
   }
 }
```

【例 7.5】输入 10 个数，用"起泡法"对 10 个数由小到大排序。

"起泡法"算法分析：以六个数 9、8、5、4、2、0 为例。

第 1 轮比较：

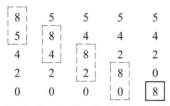

第1次 第2次 第3次 第4次 第5次 结果

第 2 轮比较：

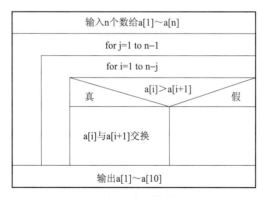

第1次 第2次 第3次 第4次 结果

第 1 轮比较后，剩 5 个数未排好序；两两比较 5 次。

第 2 轮比较后，剩 4 个数未排好序；两两比较 4 次。

第 3 轮比较后，剩 3 个数未排好序；两两比较 3 次。

第 4 轮比较后，剩 2 个数未排好序；两两比较 2 次。

第 5 轮比较后，全部排好序。

对于 n 个数的排序需进行 n–1 轮比较，第 j 轮比较需进行 n–j 次两两比较。

"起泡法"排序 N-S 图如图 7–2 所示（用两层嵌套循环实现）。

图 7–2 "起泡法"排序 N-S 图

设需排序的数有 10 个，定义数组大小为 a[11]，使用 a[1]～a[10]存放 10 个数，a[0]不用。

程序如下：

```
main()
{int a[11];                  /* 用 a[1]～a[10]存放 10 个数，a[0]不用 */
 int i,j,t;                   /* i、j 作循环变量,t 作两两比较的临时变量 */
 printf("input 10 numbers:\n");
 for(i=1;i<11;i++)
```

```
        scanf("%d",&a[i]);              /* 输入 10 个整数 */
    printf("\n");
    for(j=1;j<=9;j++)                   /* 第 j 轮比较 */
    for(i=1;i<=10-j;i++)                /* 第 j 轮中两两比较 10-j 次 */
        if (a[i] > a[i+1])              /* 交换大小 */
        {t = a[i];a[i] = a[i+1];a[i+1]= t;}
    printf("the sorted numbers:\n");
    for(i=1;i<11;i++)
        printf("%2d",a[i]);
}
```

程序运行情况如下：

input 10 numbers:

9 6 4 8 12 5 1 7 23 0 ✓

the sorted numbers:

0 1 4 5 6 7 8 9 12 23

任务二　使用二维数组

二维数组是一维数组的扩展。一维数组有一个下标常量表达式，二维数组有两个下标常量表达式。

任务要求

本任务要求掌握二维数组的定义、遍历和初始化，同时还要求会使用二维数组解决问题。

任务实现

一、定义二维数组

它的一般格式是：

类型说明符　数组名[常量表达式 1][常量表达式 2]

其实可以这样理解二维数组，将二维数组 a[3][4] 理解为：有三个元素 a[0]、a[1]、a[2]，每一个元素是一个包含 4 个元素的一维数组，如图 7-3 所示。

二维数组的元素在内存中的存放顺序：按行存放，即，先顺序存放第一行的元素，再存放第二行的元素。如图 7-4 所示（最右边的下标变化最快，第一维的下标变化最慢）。

图 7-3　二维数组一维化示意图　　　　图 7-4　二维数组元素的存储形式

三维数组与多维数组的定义与二维的相似，如三维数组 float a[2][3][4];，它的内存中的存放顺序是：

a[0][0][0]→a[0][0][1]→a[0][0][2]→a[0][0][3]→

a[0][1][0]→a[0][1][1]→a[0][1][2]→a[0][1][3]→

a[0][2][0]→a[0][2][1]→a[0][2][2]→a[0][2][3]→

a[1][0][0]→a[1][0][1]→a[1][0][2]→a[1][0][3]→

a[1][1][0]→a[1][1][1]→a[1][1][2]→a[1][1][3]→

a[1][2][0]→a[1][2][1]→a[1][2][2]→a[1][2][3]

二、遍历二维数组

例如 b[j][i] = a[i][j];，二维数组引用与一维数组的相似，元素引用方式：

数组名[下标 1][下标 2]

再如 float a[2][3];，有 6 个元素，按如下方式引用各元素：

a[0][0]、a[0][1]、a[0][2]、a[1][0]、a[1][1]、a[1][2]

注意：

（1）数组元素下标从 0 开始，int a[2][3]中无元素 a[2][3]。

（2）二维数组可以看作是[下标 1]行[下标 2]列的"行列式"。例如 int a[2][3]可看作 2 行 3 列的"行列式"。

三、初始化二维数组

static int a[2][3] = {{1,2,3},{4,5,6}};是对数组的初始化，同样二维数组的初始化也可以分为下面几种。

（1）分行赋值，例如：

```
int a[3][4] = {{1,2,3,4},{5,6,7,8},{9,10,11,12}};
```

（2）全部数据写在一个大括号内，例如：

```
int a[3][4] = {1,2,3,4,5,6,7,8,9,10,11,12};
```

（3）部分元素赋值，例如：

```
int a[3][4] = {{1},{5},{9}};
```

仅对 a[0][0]、a[1][0]、a[2][0]赋值，其余元素未赋值，编译器自动为未赋值元素指定初值 0；对于动态数组，未赋值元素的初值是随机的。

（4）如果对全部元素赋初值，则第一维的长度可以不指定，但必须指定第二维的长度。

例如 int a[3][4]={1,2,3,4,5,6,7,8,9,10,11,12};与 int a[ ][4]={1,2,3,4,5,6,7,8,9,10,11,12};定义等价。

三维与多维数组的初始化与二维数组的相似，请读者自己总结。

【例 7.6】将一个二维数组行和列交换，存到另一个二维数组中。

如下面将数组 a 的行和列交换后存到数组 b 中。

$$a = \begin{bmatrix} 1 & 2 & 3 \\ 4 & 5 & 6 \end{bmatrix} \Rightarrow b = \begin{bmatrix} 1 & 4 \\ 2 & 5 \\ 3 & 6 \end{bmatrix}$$

程序如下：

```
main()
{
 static int a[2][3] = {{1,2,3},{4,5,6}};
 static int b[3][2], i,j;
 printf("array a:\n");
 for(i=0;i<2;i++)                        /* 0～1 行 */
   {for(j=0;j<3;j++)                     /* 0～2 列 */
     { printf("%5d",a[i][j]);
       b[j][i] = a[i][j];                /* 行、列交换 */
     }
   printf("\n");                         /*输出一行后换行 */
   }
 printf("array b:\n");
 for(i=0;i<3;i++)
   {for(j=0;j<2;j++)
    printf("%5d",b[i][j]);
    printf("\n");                        /*输出一行后换行 */
   }
}
```

四、使用二维数组

【例 7.7】有一个 3×4 的矩阵，要求编写程序，以求出其中值最大的那个元素的值及其所在的行号和列号。

其 N-S 图如图 7-5 所示。

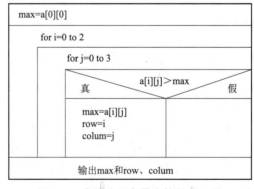

图 7-5　求矩阵元素最大值的 N-S 图

程序如下：

```
main()
{ int i,j,row=0,colum=0,max;
```

```
static int a[3][4]={{1,2,3,4},{9,8,7,6},{-10,10,-5,2}};
max = a[0][0];
for(i=0;i<=2;i++)                    /* 用两重循环遍历全部元素 */
  for(j=0;j<=3;j++)
    if (a[i][j]>max )
      { max = a[i][j];
        row = i;
        colum = j;
      }
printf("max=%d, row=%d, colum=%d\n",max,row,colum);
}
```

运行结果为：

```
max=10, row=2, colum=1
```

任务三　使用字符数组与字符串

任务要求

本任务要求掌握字符数组的定义和使用、字符串的存储和操作。

任务实现

一、定义字符数组

1. 字符数组的定义

数组分为整型、实型、字符型数组，而整型、实型前面已用过。所谓字符数组，是指存放字符数据的数组，每一个元素存放一个字符。

它的定义形式为：

char　数组名[<常量表达式>]

例如：

char c[10];　　　　/* 定义 c 为字符数组，包含 10 个元素 */

c[0]='I';c[1]='';c[2]='a';c[3]='m';c[4]='';c[5]='h';c[6]='a';c[7]='p';c[8]='p';c[9]='y';

其存储形式如图 7-6 所示。

c[0]	c[1]	c[2]	c[3]	c[4]	c[5]	c[6]	c[7]	c[8]	c[9]
I	□	a	m	□	h	a	p	p	y

图 7-6　存储形式

注意：

字符型与整型可以通用，但有区别：

```
char c[10];   /* 在内存中占 10 字节 */
int c[10];    /* 在内存中占 40 字节 */
```

2. 字符数组的初始化

字符数组的初始化同样分为以下几种。

（1）逐个元素初始化

```
static char c[10] = {'I',' ','a','m',' ','h','a','p','p','y'};
```

（2）初始化数据少于数组长度，多余元素自动为"空"（'\0'，二进制 0）。

```
static char c[10] = {'c',' ','p','r','o','g','r','a','m'};
```

其存储形式如图 7-7 所示。

c[0]	c[1]	c[2]	c[3]	c[4]	c[5]	c[6]	c[7]	c[8]	c[9]
c	□	p	r	o	g	r	a	m	\0

图 7-7　存储形式

（3）指定初值时，若未指定数组长度，则长度等于初值个数。

```
static char c[ ] = {'I',' ','a','m',' ','h','a','p','p','y'};
```

3. 字符数组的应用

引用方法同整型数组，但引用一个元素得到一个字符。

【例 7.8】输入一个字符串，并将它逆序输出。

```
main()
{ char   c[20];
  int    i,j;
  i=0;
  scanf("%c",&c[0]);
  while((c[i]!='\n')&&(c[i]!=''))
    { i++;
      scanf("%c",&c[i]);
    };
  for(j=i-1;j>=0;j--)
    printf("%c",c[j]);
}
```

程序运行结果如下：

<u>abefhj</u> ✓

jhfeba

二、使用字符串

字符数组的整体操作是指对字符串的操作。那么什么是字符串呢？请看下面的例子。

【例7.9】输入一行字符，统计其中有多少个单词（单词间以空格分隔）。

比如，输入"I am a boy"，有4个单词。

算法：单词的数目由空格出现的次数决定（连续出现的空格记为出现一次；一行开头的空格不算）。应逐个检测每一个字符是否为空格。用 num 表示单词数（初值为0）。word=0 表示前一字符为空格，word=1 表示前一字符不是空格，word 初值为0。如果前一字符是空格，当前字符不是空格，说明出现新单词，num 加1。

统计单词数目的 N-S 图如图 7-8 所示。

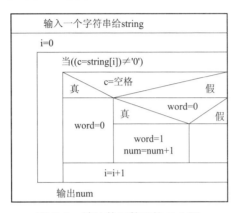

图 7-8　统计单词数目的 N-S 图

程序如下：

```
#include "stdio.h"      /* gets()函数在该头文件定义 */
main( )
{
  char string[81] ;
  int i, num = 0, word = 0;
  char c;
  gets(string);
  for(i=0;(c=string[i]) != '\0';i++)
    if (c==' ') word = 0;
    else if (word == 0)
      { word = 1;num++;}
  printf("There are %d words in the line\n",num);
}
```

例7.9中"I am a boy"就是字符串。字符串是指若干有效字符的序列。所谓"有效字符"是指系统允许使用的字符。C 语言中的字符包括字母、数字、专用字符、转义字符等。如"china""4.5""%d\n"。

1. 字符串的操作

（1）C 语言中，字符串作为字符数组处理。字符数组可以用字符串来初始化，例如：

```
static char c[ ] = {"I am happy"};
```

也可以这样初始化：（不要大括号）

```
static char c[ ] = "I am happy";
```

（2）字符串在存储时，系统自动在其后加上结束标志'\0'（占一个字节，其值为0）。但字符数组并不要求其最后一个元素是'\0'，例如：

```
static char c[ ] = {"China"};
```

其存储形式如图7-9所示。

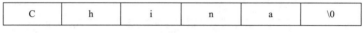

图7-9　存储形式（1）

```
static char c[5] = {"China"};
```

其存储形式如图7-10所示。

图7-10　存储形式（2）

```
static char c[10] = {"China"};
```

其存储形式如图7-11所示。

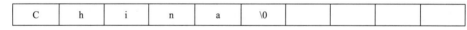

图7-11　存储形式（3）

2. 字符串的输入/输出

（1）用"%c"格式符逐个输入/输出。

（2）用"%s"格式符按字符串输入/输出。例如：

```
static char c[6];
  scanf("%s",c);
  printf("%s",c);
```

输入/输出中注意事项如下：

（1）输出时，遇'\0'结束，且输出字符中不包含'\0'。

（2）用"%s"格式输出字符串时，printf()函数的输出项是字符数组名，而不是元素名。

例如：`static char c[6] = "China";`

`printf("%s",c); printf("%c",c[0]);`

（3）用"%s"格式输出时，即使数组长度大于字符串长度，遇'\0'也结束。

例如：`static char c[10] = {"China"};`

`printf("%s",c);` /*只输出5个字符 */

（4）用"%s"格式输出时，若数组中包含一个以上'\0'，遇第一个'\0'时结束。

（5）输入时，遇回车键结束，但获得的字符中不包含回车键本身（0×0D，0×0A），而是在字符串末尾添'\0'。因此，定义的字符数组必须有足够的长度，以容纳所输入的字符。（例如，输入 5 个字符，定义的字符数组至少应有 6 个元素）。

（6）一个 scanf 函数输入多个字符串，输入时以"空格"键作为字符串间的分隔。

例如：static char str1[5],str2[5],str3[5];

输入数据：How are you?scanf("%s%s%s",str1,str2,str3);

str1、str2、str3 获得的数据如图 7-12 所示。

H	o	w	\0	□
a	r	e	\0	□
y	o	u	?	\0

图 7-12　字符串存储形式

例如：static char str[13];

输入：How are you?scanf("%s",str);

结果：仅"How"被输入数组 str。

如要想 str 获得全部输入（包含空格及其以后的字符），程序应设计为：

```
static char c[13];
  int i;
  for(i=0;i<13;i++) c[i] = getchar();
```

（7）C 语言中，数组名代表该数组的起始地址，因此，scanf()函数中不需要地址运算符 &（在 Turbo C 中，加上&运算符也可以）。

```
static char str[13];
scanf("%s",str);
scanf("%s",&str);/*在 Turbo C 中，加上&运算符也可以*/
```

3. 应用举例

【例 7.10】输入三个字符串，并找出其中最大者。

分析：用 strcmp()函数比较字符串的大小。首先比较前两个，把较大者复制给字符数组变量 string（用 strcpy()函数复制），再比较 string 和第三个字符串。

程序如下：设字符串最长为 19 个字符。

```
#include "string.h"     /* strcmp、strcpy 函数均在 string.h 中定义 */
main()
{
char string[20];        /* 最大字符串 */
char str[3][20];        /* 三个字符串 */
int i;
for(i=0;i<3;i++)
   gets(str[i]);        /* 输入三个字符串 */
if(strcmp(str[0],str[1])>0) strcpy(string,str[0]);
else  strcpy(string,str[1]);
```

```
    if (strcmp(str[2],string)>0) strcpy(string,str[2]);
    printf("\nthe largest string is: \n%s\n",string);
    }
```

4. 字符串函数

在 C 的函数库中，提供了一些字符串处理函数。

（1）puts()函数：输出字符串（以'\0'结尾）。

（2）gets()函数：输入字符串到数组。例如：

```
static char str[12];
gets(str);puts(str);
```

注意：gets()、puts()一次只能输入/输出一个字符串，而 scanf()、printf()可以输入/输出几个字符串。

（3）strcat()：连接字符串。

strcat(字符串1,字符串2);/*把"字符串2"连接到"字符串1"的后面*/

（4）strcpy()：字符串复制。

strcpy(字符串1,字符串2);/*把"字符串2"的值复制到"字符串1"中*/

（5）strcmp()：字符串比较。

int strcmp(字符串1,字符串2);/*比较"字符串1""字符串2"*/

例如：

```
strcmp(str1,str2);
strcmp("China", "Korea");
strcmp(str1, "Beijing");
```

比较规则：逐个字符比较 ASCII 码，直到遇到不同字符或'\0'，比较结果是该函数的返回值。

$$\text{strcmp(str1,str2)} \begin{cases} <0 & \text{字符串}1 < \text{字符串}2 \\ ==0 & \text{字符串}1 == \text{字符串}2 \\ >0 & \text{字符串}1 > \text{字符串}2 \end{cases}$$

长度不同的字符串也可以进行比较，比较结果当然是"不同"。

注意：字符串只能用 strcmp 函数比较，不能用关系运算符"=="比较。例如：

```
if (strcmp(str1,str2) == 0) printf("yes");
if (!strcmp(str1,str2)) printf("equal");
```

（6）strlwr()：将字符串中的大写字母转换为小写字母（lwr：lowercase 小写）。

（7）strupr()：将字符串中的小写字母转换为大写字母（upr：uppercase 大写）。

注意：以上函数均是库函数，使用时必须用#include 语句包含头文件。

任务四　数组作函数参数

前面已经介绍了可以用变量作为函数参数，此外，数组元素也可以作为函数参数，其用法与变量相同。数组名也可以作为函数的实参和形参，传递的是数组的首地址。

任务要求

本任务要求掌握数组元素和数组作函数参数的使用方法，以及它们的区别。

任务实现

一、数组元素作函数参数

由于实参可以是表达式形式，数组元素可以是表达式的组成部分，因此，数组元素当然可以作为函数的实参，与用变量作实参一样，它是单向值传递方式。

【例 7.11】有两个数组 a、b，各有 10 个元素，将它们对应地逐个相比（即 a[0]与 b[0]比，a[1]与 b[1]比，…）。如果 a 数组中的元素大于 b 数组中的相应元素的次数多于 b 数组中的元素大于 a 数组中的相应元素的次数，则认为 a 数组大于 b 数组，并分别统计出两个数组相应元素大于、等于、小于的次数。

```
main()
{ int  large(int x,int yy);
  int  a[10],b[10],i,n=0,m=0,k=0;
  printf("Input array a: \n");
  for (i=0; i<10; i++)
    scanf("%d",&a[i]);
  printf("\n");
  printf("Input array b: \n");
  for (i=0; i<10; i++)
    scanf("%d",&b[i]);
  printf("\n");
  for (i=0;i<10; i++)
  { if (large(a[i],b[i])==1)  n=n+1;
    else if (large(a[i],b[i])==0) m=m+1;
    else k=k+1; }

printf("a[i]>b[i]%dtimes\na[i]=b[i]%dtimes\na[i]<b[i]%dtimes\n",n,m,k);
    if (n>k) printf("Array a is larger than array b\n");
    else if (n<k) printf("Array a is smaller than array b\n");
    else printf("Array a is equal to array b\n");
}
int large(int  x, int  y)
{ int  flag;
  if (x>y) flag=1;
  else if (x<y) flag=-1;
```

```
    else flag=0;
    return (flag);
}
```

程序运行情况如下：
```
Input array a:
```
<u>1 3 5 7 9 8 6 4 2 0</u>✓
```
Input array b:
```
<u>5 3 8 9 -1 -3 5 6 0 4</u>✓
```
a[i]>b[i] 4 times
a[i]=b[i] 1 times
a[i]<b[i] 5 times
Array a is smaller than array b
```

二、数组名作函数参数

可以用数组名作为函数参数，此时实参与形参都应用数组名。

1. 引例

【例 7.12】有一个一维数组 score，其内放 10 名学生的成绩，求学生的平均成绩。

```
float average(float  array[10])
{ int  i;
  float aver,sum=0;
  for (i=0; i<10;i++)
    sum=sum+array[i];
  aver=sum/10;
  return (aver); }
main()
{ float score[10],aver;
  int i;
  printf("Input 10 score : \n");
  for (i=0; i<10; i++)
    scanf("%f",&score[i]);
  printf("\n");
  aver=average(score);
  printf("Average score is %5.2f\n",aver); }
```

程序运行情况如下：
```
Input 10 score :
```
<u>100 56 78 98.5 76 87 99 67.5 75 97</u>✓
```
Average score is 83.40
```

2. 说明

（1）用数组名作函数参数，应该在主调函数和被调用函数中分别定义数组。例如，引例中 array 是形参数组名，score 是实参数组名，分别在其所在函数中定义，不能只在一方定义。

（2）实参数组与形参数组类型应一致，本例中都为 float 类型，如不一致，结果将出错。

（3）实参数组和形参数组大小可以一致，也可以不一致，C 编译系统对形参数组大小不做语法检查，只是将实参数组的首地址传递给形参数组。

（4）形参数组也可以不指定大小，在定义数组时在数组名后面跟一对空的方括号，为了满足在被调用函数中处理数组元素的需要，可以另设一个参数，传递数组元素的个数。如例 7.13 所示。

【例 7.13】编写一个函数，求学生的平均成绩。

```
float  average(float  array[],int n)
{ int  i;
  float aver,sum=0;
  for (i=0; i<n;i++)
    sum=sum+array[i];
  aver=sum/n;
  return  (aver);
}
main()
{ float score_1[5]={98.5,97,91.5,60,55};
  float score_2[10]={67.5,89.5,99,69.5,77,89.5,76.5,54,60,99.5};
  printf("The average of class A is %6.2f\n",average(score_1,5));
  printf("The average of class B is %6.2f\n",average(score_2,10));
}
```

程序运行结果如下：

```
The average of class A is  80.40
The average of class B is  78.20
```

从例 7.13 可以看出，两次调用 average()函数时数组大小是不同的，在调用时用一个实参传递数组大小（传给形参 n），以便在 average 函数中对所有元素都访问到。

（5）用数组名作函数实参时，不是把数组的值传递给形参，而是把实参数组的起始地址传递给形参数组，这样两个数组就共占同一段内存单元。如图 7-8 所示。假如例 7.13 中 main()函数中实参数组 score 的起始地址为 1000，调用 average()函数时，将其起始地址 1000 传递给形参数组 array，使得 array 的起始地址也成为 1000，这样，score 和 array 占同一段内存单元，score[0]与 array[0]占同一个单元，score[1]与 array[1]占同一个单元，依此类推。可以看出，形参数组各元素的值如发生变化，会使实参数组元素的值同时发生变化，这一点是与变量作函数参数的情况不相同的，如图 7-13 所示。

159

实参数组				形参数组
score [0]	100	array [0]		
score [1]	56	array [1]		
score [2]	75	array [2]		
score [3]	98.5	array [3]		
score [4]	76	array [4]		
score [5]	87	array [5]		
score [6]	99	array [6]		
score [7]	67.5	array [7]		
score [8]	75	array [8]		
score [9]	97	array [9]		

图 7-13　形参数组和实参数组共占存储单元

【例 7.14】用选择法对数组中 10 个整数按由小到大的顺序排序。

所谓选择法，就是先将 10 个数中最小的数与 a[0]对换；再将 a[1]到 a[9]中最小的数与 a[1]对换……每比较一轮，找出一个未经排序的数中最小的一个，共比较 9 轮。

下面以 5 个数为例说明选择法的步骤。

a[0]　a[1]　a[2]　a[3]　a[4]

```
 3    6    1    9    4    未排序时的情况；
 1    6    3    9    4    将 5 个数中最小的数 1 与 a[0]对换；
 1    3    6    9    4    将余下的 4 个数中最小的数 3 与 a[1]对换；
 1    3    4    9    6    将余下的 3 个数中最小的数 4 与 a[2]对换；
 1    3    4    6    9    将余下的 2 个数中最小的数 6 与 a[3]对换，至此完成排序。
```

根据此思路编写程序如下：

```c
void sort(int array[], int n)
{ int i,j,k,t;
  for (i=0; i<n-1; i++)
  { k=i;
    for (j=i+1; j<n; j++)
      if (array[j]<array[k]) k=j;
    t=array[k]; array[k]=array[i]; array[i]=t; } }
main()
{ int a[10],i;
  printf("Input the array:\n");
  for (i=0; i<10; i++)
    scanf("%d",&a[i]);
  sort(a,10);
  printf("The sorted array: \n");
  for (i=0; i<10; i++)
    printf("%4d",a[i]);
  printf("\n"); }
```

程序运行情况如下：

Input the array:

22 1 5 -9 0 78 43 -54 49 73✓

The sorted array:

-54 -9 0 1 5 22 43 49 73 78

从运行结果可以看出，在执行函数调用语句"sort(a,10);"之前和之后，a 数组中各元素的值是不同的。原来是无序的，执行"sort(a,10);"之后，a 数组已经排好序了，这是由于形参数组 array 已经用选择法进行了排序，形参数组改变也使实参数组随之改变。

项 目 小 结

（1）一维数组的定义和引用。

① 定义：

类型说明符　数组名[常量表达式]

② 引用：

数组名[下标]

（2）一维数组初始化。

① 定义时初始化。

② 给一部分数组元素赋值。

③ 全部赋 0 时不能整体赋初值。

④ 全部赋值时可以不指定数组长度。

（3）二维数组的定义：

类型说明符　数组名[常量表达式][常量表达式]

（4）二维数组的引用：

数组名[下标][下标]

（5）二维数组的初始化。

① 分行给二维数组赋初值。

② 可以将所有数据写在花括弧内，按顺序对各元素赋值。

③ 可以对部分元素赋初值。

④ 如果全部赋初值，可省略第一维的长度，但二维长度不能省略。

（6）字符数组的定义与整型相似：

char 数组名[字符长度]

（7）字符数组的初始化：逐个给元素赋值。

（8）字符数组的引用也与整型相似。

（9）字符数组的输入/输出：既可以用%c 输入/输出字符，也可以将整个字符串一次用%s输入/输出。

（10）常用字符串处理函数。

项目学习评价

序号	评价内容	评价要素	自我评价	教师评价	反思：学习过程中目标的完成情况如何？遇到了哪些困难？采取了什么样的解决方式？
1	学习态度	主动学习知识内容			
		独立完成工作任务			
		积极探索拓展内容			
2	基础知识	了解数组的概念			
		能够说出一维数组和二维数组的定义及二者的联系与区别			
		掌握字符数组的定义及存储与处理的方法			
		了解字符串的概念			
		了解数组元素和数组作函数参数的区别			
3	基本技能	能够应用数组处理数据的输入与输出			
		掌握数组作为函数的参数的使用方法			
		能够使用常用字符串处理函数			
4	拓展应用	独立编写一个单科学生成绩处理程序			

注：评价档次采用 A（优秀）、B（良好）、C（合格）、D（不合格）四个水平。

习题与实训 <<<

一、选择题

1. 下面定义的数组中，错误的是（　　）。

define SIZE 40

   A. int I [4*10]，k [20]；

   B. float x [2*j-1]；

   C. int m[SIZE]；

   D. int n[ ] = {1，2，3，4}；

2. 下列说法中，错误的是（　　）。

   A. 一个数组只允许存储同种类型的变量

   B. 如果在对数组进行初始化时，给定的数据元素个数比数组元素个数少，多余数组
      元素会被自动初始化为最后一个给定元素的值

   C. 数组的名称其实是数组在内存中的首地址

   D. 当数组名作为参数被传递给某个函数时，原数组中的元素的值可能被修改

3. 对于字符数组，有如下初始化方式：

char str[10]={"option"};

下列选项中选出与此等价的是（　　）。

   A. char str[10]="option";

   B. char str[10]={'o','p','t','i','o','n'};

   C. char str[10]={'o','p', 't','i','o','n','\0'};

   D. char str[10]={'o','p', 't','i','o','n','\n'};

4. 以下程序的运行结果是（　　）。

   A. 运行后报错　　　　　B. 6 6　　　　　　　C. 6 11　　　　　　　　D. 5 5

```
#include "stdio.h"
main()
{
int a[]={1, 2, 3, 4, 5, 6, 7, 8, 9, 10, 11, 12};
int *p=&a[5], *q=NULL;
*q=*(p+5);
printf("%d %d \n", *p, *q);
}
```

5. 给出以下定义：

   char x[]="abcdefg";

   char y[]={'a', 'b', 'c', 'd', 'e', 'f', 'g'};

   则正确的叙述为（　　）。

   A. 数组 x 和数组 y 等价　　　　　　　B. 数组 x 和数组 y 的长度相同

   C. 数组 x 的长度大于数组 y 的长度　　　D. 数组 x 的长度小于数组 y 的长度

6. 设有如下定义：

```
int arr[]={6,7,8,9,10};
int *ptr;
```

则下列程序段的输出结果为（　　　）。

```
ptr=arr;
*(ptr+2)=2;
printf ("%d,%d\n", *ptr,*(ptr+2));
```

  A. 8,10   B. 6,2   C. 7,9   D. 6,10

7. 下面能正确进行字符串赋值操作的语句是（　　　）。

  A. char s[5]={"ABCDE"};   B. char s[5]={'a','b','c','d','e'};

  C. char *s；s="ABCDEF";   D. char *s；scanf("%s"，s);

8. 以下数组定义中，不正确的是（　　　）。

  A. int a[2][3];   B. int b[][3]={0,1,2,3};

  C. int c[100][100]={0};   D. int d[3][]={{1,2},{1,2,3},{1,2,3,4}};

9. 以下选项中，不能正确赋值的是（　　　）。

  A. char s1[10]；s1="Ctest";

  B. char s2[]={'C', 't', 'e', 's', 't'};

  C. char s3[20]="Ctest";

  D. char *s4="Ctest\n";

10. 设有数组定义：char array [ ]="China";，则数组 array 所占的空间为（　　　）。

  A. 4 个字节   B. 5 个字节   C. 6 个字节   D. 7 个字节

二、填空题

1. 设有以下定义的语句：

```
int a[3][2]={10,20,30,40,50,60}, (*p)[2];
p=a;
```

则*(*(p+2)+1)的值为_____。

2. 下面程序的输出结果是_____。

```
main()
{char *chp ;
 char b []="ABCD";
 for (chp =b;*chp ;chp+=2) printf("%s", chp);
 printf("\n");
 }
```

3. 有如下程序：

```
main( )
{ int n[5]={0,0,0},i,k=2;
for(i=0;i<5;printf("%d\n",n[k]));
 }
```

该程序的输出结果是_____。

4. 以下程序的输出结果是_____。

```
main()
{ int  b[3][3]={0,1,2,0,1,2,0,1,2},i,j,t=1;
  for(i=0;i<3;i++)
  for(j=i;j<=i;j++) t=t+b[i][b[j][j]];
  printf("%d\n",t);
}
```

5. 以下程序的输出结果是_____。

```
main()
{  int  a[4][4]={{1,3,5},{2,4,6},{3,5,7}};
printf("%d%d%d%d\n",a[0][3],a[1][2],a[2][1],a[3][0]);
}
```

6. 以下程序的输出结果是_____。

```
main()
{  int  a[ ]={1,2,3,4,5,6,7,8,9,0},*p;
   p=a;
   printf("%d\n",*p+9);
}
```

7. 以下程序的输出结果是_____。

```
main()
{ int  i, x[3][3]={1,2,3,4,5,6,7,8,9};
  for(i=0;i<3;i++)
     printf("%d, ",x[i][2-i]);
}
```

8. 以下程序的输出结果是_____。

```
main()
{ int  a[3][3]={ {1,2},{3,4},{5,6} },i,j,s=0;
  for(i=1;i<3;i++)
      for(j=0;j<=i;j++)
           s+=a[i][j];
  printf("%d\n",s);
}
```

9. 下列程序执行后的输出结果是_____。

```
main()
 { int a[3][3], *p,i;
   p=&a[0][0];
   for(i=0; i<9; i++) p[i]=i+1;
   printf("%d\n",a[1][2]);
 }
```

10. 有如下程序：

```
main( )
{ int a[3][3]={{1,2},{3,4},{5,6}},i,j,s=0;
  for(i=1;i<3;i++)
    for(j=0;j<3;j++)
    s+=a[i][j];
    printf("%d\n",s);
}
```

该程序的输出结果是_____。

11. 以下程序的输出结果是_____。

```
main()
{ char   w[][10]={ "ABCD","EFGH","IJKL","MNOP"},k;
  for(k=1;k<3;k++)
        printf("%s\n",w[k]);
}
```

三、实训题

1. 实训要求

（1）掌握数组的定义和初始化的输入/输出方法。

（2）掌握字符数组与字符串的关系。

（3）掌握字符串函数的使用方法。

（4）加深对数组的理解，培养解决实际问题的能力。

2. 实训内容

编写一个单科学生成绩处理程序，具体要求如下：

（1）学生个数定义成符号常量。

（2）学生成绩定义成一维数组进行处理，并由键盘输入。

（3）要求统计出平均成绩、各个等级的人数及百分比。

（4）数据输入和输出要有提示信息。

（5）以学生个数为16，学生成绩分别为75，89，92，63，85，71，82，65，52，91，87，78，84，68，83，80调试程序，并记录运行结果。

3. 分析与总结

（1）对各题运行分析。如果程序未能调试通过，应分析出原因。

（2）总结各题的编程思路，谈谈本次的收获与经验。

项目八　认识编译预处理

C 语言的编译系统分为编译预处理和正式编译。当编译 C 语言程序时，编译系统先对预处理命令进行"编译预处理"，然后将预处理的结果和源程序一起进行正式的编译处理，最后得到目标代码。本项目主要介绍编译预处理的应用。

【本项目内容】
- 宏定义
- 文件包含

【知识教学目标】
- 宏定义
- 文件包含

【技能培养目标】
- 宏的使用

任务一　使用宏定义

C 语言有两种宏定义命令：
（1）无参宏定义（或符号常量定义）。
（2）有参宏定义。

任务要求

本任务要求掌握不带参数的宏和带参数的宏。

任务实现

一、无参数宏

无参宏定义通常用来定义符号常量，即用一指定的宏名（标识符）来代表一个字符串，一般形式为：

`#define 宏名 字符串`

这就是已经介绍过的定义符号常量。例如：

`# define  PI  3.1415926`

它的作用是指定用标识符 PI 来代替"3.1415926"这个字符串。在编译预处理时，将程序中在该命令以后出现的所有的 PI 都用"3.1415926"代替。该过程称为宏展开。

宏定义中宏名常用大写字母表示，宏名与字符串之间用空格分隔。# define 是宏定义命令。其中字符串可以是一个数值型数据、表达式或字符串。例如：

```
# define  A  100
# define  PR  printf
# define  B  (30-(2*6))
# define  S  (A*B)
```

【例 8.1】从键盘连续输入字符，统计其中的大写字母的个数，直到按 Esc 键结束。

```
#include  "stdio.h" # include "conio.h"
#define  ESC  27
main( )
{
    int count=0;
    char c;
    while ((c=getche())!=ESC)
      if (c>='A' && c<='Z')
          count++;
    printf("count=%d",count);
}
```

其中，预处理程序将此程序中凡是出现 Esc 的地方都用 27 替换。如果 Esc 的编码值有所变化，只需修改宏定义语句即可，这样有助于程序的调试和移植。

使用符号常量应注意的事项如下。

（1）预处理模块只是用宏名做简单的替换，不做语法检查，若字符串有错误，只有在正式编译时才能检查出来。

（2）没有特殊的需要，一般在预处理语句的行末不加分号，若加了分号，则连同分号一起替换。例如：

```
#define ESC 27;
    ⋮
while((c=getche())!=ESC)
    ⋮
```

经宏展开后，while 语句变为：

```
while((c=getchar())!=27;)
```

显然有错误，即表达式变成了语句。

（3）使用宏定义可以减少程序中重复书写字符串的工作量，提高程序的可移植性。例如，定义数组的大小：

```
#define ARR_SIZE 100
int array[ARR_SIZE];
```

这时数组的大小为 100，若改变数组大小，则：

```
#define ARR_SIZE 200
```

（4）宏定义命令一般写在文件开头、函数之前，作为文件的一部分，宏名的有效范围为宏定义之后到本源文件结束。如果要强制终止宏定义的作用域，可以使用#undef 命令。例如：

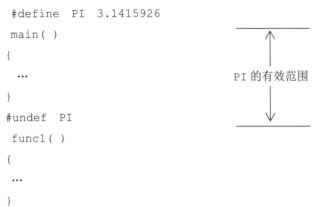

```
#define  PI  3.1415926
main( )
{
 …
}
#undef  PI
func1( )
{
 …
}
```

PI 的有效范围

符号常量 PI 的有效域是到"#undef PI"语句为止，这样就可以灵活控制宏定义的作用范围。

（5）定义符号常量时，可以引用已定义的符号常量。例如：

```
#define  PI  3.14
#define  R  2.0
#define  L  2*PI*R
#define  S  PI*R*R
main( )
{printf("L=%f\nS=%f\n",L,S);
}
```

预编译后，该程序经宏（符号常量）展开后为：

```
main( )
{printf("L=%f\nS=%f\n",2*3.14*2.0,3.14*2.0*2.0);
}
```

（6）程序中用双括号括起来的字符串中的字符，若与符号常量同名，不进行替换。例如第（5）条的例子中 printf 函数内有两个 L 字符和两个 S 字符，在双引号内的 L、S 字符不被替换，而在双引号外的 L、S 字符将被替换。

【例 8.2】已知一梯形的上下两边的长分别为 a 和 b，输入高 h，求其面积。

程序如下：

```
#define  A  2
#define  B  10
#define  L  (A+B)
main( )
{ float h,s;
 scanf("%f",&h);
 s=h*L/2;
```

```
    printf ("s=%f \n",s);
}
```

二、有参数宏

利用#define命令不仅可以定义符号常量，也可以定义带参数的宏。一般形式为：

#define 宏名(参数表) 字符串

字符串中也包含参数表中的参数，该参数为形参。预编译程序根据宏定义用字符串替换程序中出现的带参数的宏，其中定义式中的形式参数用相应的实际参数替换，实参可以是常量、变量或表达式；若字符串中的某个字符不是形参，则在替换时保留。

【例8.3】从键盘输入两个数，输出较大的数。

```
#define  MAX(a,b)  ((a)>(b)?(a):(b))
main( )
{ int x,y;
   printf ("输入两个数:");
   scanf ("%d,%d",&x,&y);
   printf ("MAX=%d",MAX(x,y));
}
```

以上程序执行时，用字符串"((a)>(b)?(a):(b))"来替换MAX (a,b)。所以，可以输出两个数中的较大者。

在程序设计中，经常要把反复使用的运算表达式定义为带参的宏。例如：

```
# define  MIN (a,b)  ( (a) < (b) ? (a) : (b))    /* 求两个数中的较小者 */
# define  PER(a,b)  (100.0*(a)/(b))              /* 求a是b的百分之几 */
# define  ABS(x)  ((x)>=0)? (x) : (-x)           /* 求x的绝对值   */
# define  ISO(x)  (((x)%2= =1)? 1 :0)            /* 判断x是否为奇数 */
# define  CHANGE(a,b)  {int t; t=a; a=b; b=t;}   /* 两个整数交换 */
```

【例8.4】键盘输入正方体的边长a，求其表面积s及体积v。

程序如下：

```
#define  L(a,s,v)  s=6*a*a; v=a*a*a
main ( )
{ int a1,s1,v1;
   scanf("%d",&a1);
   L(a1,s1,v1);
   printf ("%d,%d,%d\n",a1,s1,v1);
}
```

【例8.5】求1～100所有奇数的和。

程序如下：

```
#define  ISODD(x)  (((x)/2= =1)? 1 : 0)
main ( )
{ int sum , i;
```

```
for (i=3 ; i<=100 ; i++)
    if ISODD(i) sum+=i;
    printf ("%d\n", sum);
}
```

使用有参宏应注意的事项如下。

（1）对宏定义中的替代字符串及其所包含的参数，根据需要加上圆括号，以免发生运算错误。例如：

```
#define S(r) 3.14*r*r
    ⋮
area=S(a+b);
```

经过宏展开，用实参 a+b 替换形参 r 后变为：

```
area=3.14*a+b*a+b;
```

显然是由于在进行宏定义时，对 r 没有加括号造成与原来的意思不符合了。那么，为了得到形如：

```
area=3.14*(a+b)*(a+b);
```

就应该在宏定义时给替代字符串中的形参加上括号，例如：

```
#define S(r) 3.14*(r)*(r)
```

（2）宏定义时，不要在宏名与带参数的括号之间留空格，否则，空格之后的字符串都将视为替代字符串。如上例：

```
#define S (r) 3.14*r*r
```

则：

```
area=S(a+b);
```

被展开为：

```
area=(r) 3.14*r*r (a+b);
```

它是将 S 当成符号常量名，显然是错误的。

（3）把函数和有参宏要区分开，虽然它们有相似之处，但也有所不同，其区别见表 8–1。

表 8–1 函数和有参宏的区别

区 别	类 型	
	函 数	有 参 宏
是否计算实参的值	先计算出实参表达式的值，然后代替形参	不计算实参表达式的值，直接用实参进行简单的替换
何时进行处理及分配内存单元	在程序运行时进行值的处理、分配临时的内存单元	编译时进行宏展开，不分配内存单元，不进行值的处理
类型要求	实参和形参要定义类型，且类型一致	不存在类型问题，只是一个符号表示，可以为任何类型
调用情况	函数调用时有一定的处理开销	宏调用时没有处理开销

任务二　使用文件包含

任务要求

本任务要求掌握文件包含的使用方法。

任务实现

文件包含

在前面章节所编写的程序中，经常会有下面的写法：

`#include <stdio.h>`或 `#include "math.h"`

其含义是在编译时，用 stdio.h 或 math.h 头文件的内容替换该语句。

文件包含是指一个源文件可以将另外一个源文件的全部内容包含进来，即将另一个 C 语言的源程序文件嵌入正在进行预处理的源程序中相应位置，一般形式为：

`#include <文件名>` 或 `#include "文件名"`

其中"文件名"指被嵌入的源程序文件，其扩展名是".h"或".c"。

这种常用在文件头部的被包含的文件称为"标题文件"或"头部文件"，常以".h"为后缀（h 为 head 的缩写），当然，不用".h"为后缀而用".c"为后缀也可以，而用".h"作后缀更能表示文件的性质。

另外，"文件名"必须用尖括号或双撇号括起来：

当使用尖括号时，表示预处理程序在规定的磁盘目录（通常为 include 子目录）查找文件；当使用双撇号时，表示预处理程序首先在当前目录中查找文件，若找不到，再去 include 子目录中查找。

下面通过例题来说明"文件包含"的含义及用法。

【例 8.6】

（1）文件 pformat.h

```
#define  PR  printf
#define  NL  "\n"
#define  D  "%d"
#define  D1  D  NL
#define  D2  D  D  NL
#define  D3  D  D  D  NL
#define  D4  D  D  D  D  NL
#define  S  "%s"
```

（2）文件 file.c

```
#include  <stdio.h>
#include  <pformat.h>
main( )
```

```
{
int a,b,c,d;
char string[ ]="STUDENT"
a=1;b=2;c=3;d=4;
PR(D1,a);
PR(D2,a,b);
PR(D3,a,b,c);
PR(D4,a,b,c,d);
PR(S,string);
}
```

　　以上程序在预编译时，用输入、输出类库函数的头文件<stdio.h>的内容替换 file.c 源程序中的第一行（#include　<stdio.h>）；用文件 pformat.h 的内容替换 file.c 源程序中的第二行（#include　<pformat.h>）。而 PR、D1、D2、D3、D4 及 S 再经过宏替换后才形成将要编译的源程序文件，对该文件进行正式编译就会得到其目标文件（file.obj）。

　　文件包含命令是很有用的命令，特别是对包括多个源文件的大程序来说，可以把各个源文件中共同使用的函数说明、符号常量定义、外部量说明、宏定义和结构类型定义等写成一个独立的包含文件。在需要这些说明的源文件中，只需在源文件的开头用一个#include 命令把该文件包含进来，这样就可以减少不必要的重复工作，提高工作效率。

　　使用#include 命令要注意以下几点：

　　（1）一个#include 命令只能指定一个被包含文件，若包含 n 个则需要 n 个#include 命令。

　　（2）若#include 命令指定的文件内容发生变化，则应该对包含此文件的所有源文件重新编译处理。

　　（3）文件包含命令可以嵌套。

项 目 小 结

　　本项目主要介绍了宏定义（# define）和文件包含（# include）这两种编译预处理命令。

　　宏定义又分为无参宏定义（即符号常量定义）和有参宏定义。编译预处理时，若遇到无参宏名（即符号常量），则用宏定义中该宏名对应的字符串替换它；若遇到有参宏名，首先用实参替换该宏名对应字符串中的形参，然后再用该字符串替换有参宏。

　　编译预处理时，若遇到文件包含命令，则用该命令中的文件名的全部内容替换该语句，若文件内容中又出现文件包含命令，则继续替换……同时还替换所有遇到的宏定义，直到全部替换完所有的预处理命令为止。

　　使用预处理命令使程序更加简洁，减少了不必要的重复书写，增强了程序的可读性及可维护性。

项目学习评价

序号	评价内容	评价要素	自我评价	教师评价	反思：学习过程中目标的完成情况如何？遇到了哪些困难？采取了什么样的解决方式？
1	学习态度	主动学习知识内容			
		独立完成工作任务			
		积极探索拓展内容			
2	基础知识	掌握无参数宏和有参数宏的概念、作用及使用规范			
		知道函数和有参宏的区别			
		了解文件包含的概念、作用及使用规范			
3	基本技能	掌握宏定义编译预处理命令的操作方法			
		掌握文件包含编译预处理命令的操作方法			
		能够使用预处理命令使程序更加简洁			
4	拓展应用	总结预处理命令在程序中的作用与适用范围			

注：评价档次采用 A（优秀）、B（良好）、C（合格）、D（不合格）四个水平。

习题与实训 <<<

一、单项选择题

1. C 语言的编译系统对宏命令的处理是（　　）。

　A. 在程序运行时进行

　B. 在程序连接时进行

　C. 和 C 程序中的其他语句同时进行编译的

　D. 在对源程序中其他成分正式编译之前进行的

2. 阅读如下程序：

```
# define  MUL(x,y)  (x)*y
main( )
{ int  a=3,b=4,c;
  c=MUL(a++,b++);
  printf ("%d\n",c);
}
```

上面程序的输出结果是（　　）。

　A. 12　　　　　　　　B. 15　　　　　　　　C. 20　　　　　　　　D. 16

3. 以下正确的描述是（　　）。

　A. C 语言的预处理功能是指完成宏替换和包含文件的调用

　B. 预处理命令只能位于 C 源程序文件的首部

　C. 凡是 C 源程序中行首以 "#" 标识的控制行都是预处理命令

　D. C 语言的编译预处理就是对源程序进行初步的语法检查

二、填空题

1. 设有以下宏定义：

```
# define  WIDTH  100
# define  LENGTH  WIDTH+50
```

则执行赋值语句：v=LENGTH*20;（v 为 int 型变量）后，v 的值是_____。

2. 设有以下程序，为使其正确运行，请填入应包含的命令行_____。

```
main( )
{ double  x=2,y=3;
  printf ("%lf\n",POW(x,y));
}
```

三、实训题

1. 实训要求

（1）掌握宏定义的方法。

（2）掌握文件包含的处理方法。

（3）通过上机实训，更好地理解预编译命令。

2. 实训内容

（1）用宏定义编程实现，输入三个整数，按由小到大的顺序输出。

（2）分别用函数和带参数的宏编程实现从三个整数中找出最大数。

3．分析与总结

（1）写出上述两道题的源程序，分析总结预处理命令在程序中的作用与适用范围。

（2）#include "stdio.h" 的作用是什么？它与#include<stdio.h>有何区别？

（3）有参宏与自定义函数有何区别？

项目九 使用指针

指针是 C 语言中的一个重要概念，是 C 语言的一大特色，也是 C 语言的精华所在。指针的概念比较复杂，使用非常灵活，运用好它可以使程序简洁、紧凑、高效。

【本项目内容】
- 指针和指针变量的概念
- 指针变量的定义与应用
- 数组的指针和指向数组的指针变量
- 字符串的指针和指向字符串的指针变量
- 返回指针值的函数
- 函数的指针和指向函数的指针变量

【知识教学目标】
- 理解指针的概念
- 掌握指针变量的定义、初始化及指针的运算
- 掌握指针与数组、指针与函数、指针与字符串等知识

【技能培养目标】
- 利用指针实现数据排序
- 利用指针实现字符数据的输出
- 指针做函数的参数的应用

任务一　认　识　指　针

▊ 任务要求 ▊

本任务要求熟悉指针和指针变量的概念，学会定义并使用指针变量。

▊ 任务实现 ▊

一、认识指针和指针变量

为了形象地描述内存单元的数据在存取过程中单元地址的变化情况，引入了指针这一概念。其实，指针就是地址。

一般地，如果在程序中定义了一个变量，则编译时系统会根据变量的类型给变量分配一定长度的字节数。实际上，内存中每个字节都有一个编码，这个编码就是该字节的地址。假

设程序已定义了两个整型变量 i、j；两个实型变量 a、b；两个字符型变量 c1、c2，编译分配如图 9-1 所示。整型变量 i 占内存用户数据区 2000、2001 两个字节、j 占 2002、2003 两个字节、实型变量 a 占 2004、2005、2006、2007 四个字节、b 占 2008、2009、2010、2011 四个字节；字符型变量 c1 占 2012 一个字节、c2 占 2013 一个字节。则变量 i、j、a、b、c1、c2 的地址分别为 2000、2002、2004、2008、2012、2013。凡是存放在内存中的程序、数据和变量，都有一个地址，用它们占用的那个存储单元的首字节的地址来表示。

地址	内存用户数据区	变量
	...	
2000	3	i
2002	4	j
2004	3.14159	a
2008	5.25	b
2012	A	c1
2013	B	c2
	...	
3000	2000	p
	...	

图 9-1　编译分配图

由于通过地址能找到所需的变量单元，因此可以说地址"指向"该变量单元，从而在 C 语言中，将地址形象化地称为"指针"。如果有一个变量专门用来存放指针（即地址），则它称为指针变量。指针变量的值是指针（地址）。因此，要分清"指针"和"指针变量"这两个概念。如图 9-1 所示，变量 i 的指针是 2000，p 是指针变量，它的值是指针（地址）2000。

二、定义并使用指针变量

指针变量和其他变量一样，也是遵循先定义后引用的原则，一旦指针变量定义好之后，就可以对指针变量赋值；也可以通过指针运算符"*"引用指针变量；在函数调用过程中，当参数的传递是地址传递时，则函数的参数可以是指针变量。

1. 指针变量的定义

指针变量的定义其实就是把存放地址的变量定义成"指针类型"。一般格式为：

类型名　*指针变量名；

例如：

```
int i，j，*p1，*p2；
```

定义了两个整型变量 i、j 及两个指针变量 p1、p2（注意不是*p1、*p2），p1、p2 是指向整型变量的指针变量。

上例中，类型名 int 是指针指向的变量的类型，也叫指针的基类型。基类型还可以是 float

或 char。指针变量名前面的"*"，表示该变量的类型为指针型变量。指针变量名是 p1、p2，而不是*p1、*p2。

2. 指针变量的相关运算

1）指针运算符

有两个相关的运算符：

&：取地址运算符。

*：指针运算符（或称"间接访问"运算符）。

（1）可用运算符"&"求变量的地址。

用赋值语句使指针变量指向变量，例如：

p1=&i;   /*表示将变量 i 的地址赋给指针变量*/

p2=&j;   /*表示将变量 j 的地址赋给指针变量*/

则 p1、p2 分别指向了变量 i、j。如图 9-2 所示。

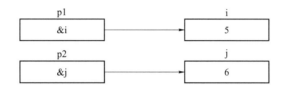

图 9-2 指针变量 p1、p2 指向整型变量 i、j

和其他变量一样，指针变量也可以在定义的同时对其赋值，例如：

```
int  i=3,j=4,*p1=&i,*p2=&j;
```

等价于：

```
int  i,j,*p1,*p2;
i=3;j=4;
p1=&i;p2=&j;
```

注意：

① 指针变量是用来存放变量的地址的，变量的地址虽然是整数，但不能把整数直接赋给指针变量。例如，已定义了指针变量 p1、p2 指向地址 2000、2002，则 p1=2000; ，p2=2002; 是不合法的。

② &运算符是将变量、数组元数、结构体变量或成员的地址作为运算结果返回，&运算符不能作用于表达式。"&i, &a[i], &student.num"是合法的，"&3, &(j+4)"是不合法的。

（2）可用运算符"*"引用指针变量。

"*"运算符用于某个地址（如指针变量）之前，表示取*后地址中的内容。

例如：

```
int  i,*p;
p=&i;
*p=5;
```

此时，i 的值也为 5。图 9-3 可以形象地表示 p 和 i 的关系。

图9-3　p和i的关系

因此，p是指向整型变量的指针变量。而*p是整型变量i的值，为p所指向的存储单元的内容，即*p等于i。

&与*运算符优先级别相同，按自右向左的方向结合。例如&*p 为变量 i 的地址，而*&i则为变量i的值。

2）指针的赋值与比较

【例9.1】

```
main( )
{ int  a,b;
  int  *p1,*p2;
  a=10;b=20;
  p1=&a;p2=&b;
  printf("%d  %d\n",*p1,*p2);
  p1=p2;
  *p2=5;
  printf("%d  %d\n",*p1,*p2);
}
```

运行结果为：

10 20

5　5

图9-4 说明了 p1、p2 在执行"p1=p2;"行前后的关系。

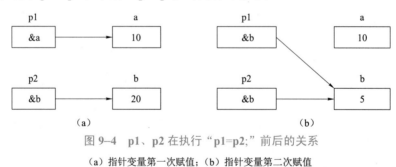

图9-4　p1、p2 在执行"p1=p2;"前后的关系

（a）指针变量第一次赋值；（b）指针变量第二次赋值

请读者分析，若将上面"p1=p2;"改为："*p1=*p2;"，会有什么结果出现？试上机调试。由此可见，基类型相同的指针变量间可以互相赋值。

【例9.2】由键盘输入两个整型数据，按由大到小的顺序输出（用指针操作）。

程序如下：

方法1：

```
main( )
{
```

```
 int  *p1,*p2,*p;
 int a,b;
 scanf("%d,%d",&a,&b);
 p1=&a;p2=&b;
 if(*p1<*p2)
   { p=p1;p1=p2;p2=p; }              /*  交换两个指针值  */
 printf("a=%d,b=%d\n",a,b);
 printf("max=%d,min=%d\n",*p1,*p2);
 }
```

运行结果为：

输入：5,10↙

输出：a=5, b=10

　　　max=10, min=5

程序执行过程可参考图 9-5。

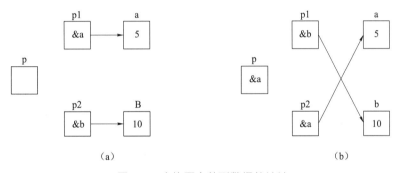

图 9-5　交换两个整型数据的地址

(a) 交换前；(b) 交换后

由图 9-5 可以看出，变量 a、b 的值并未交换，但通过指针变量的交换及对指针变量的引用，同样可实现将 a、b 变量按从大到小的顺序输出。

方法二：

```
main( )
{
 int  a,b,c,*p1,*p2;
 p1=&a;p2=&b;
scanf("%d,%d",p1,p2);             /*  等效于 scanf("%d, %d",&a,&b);  */
 if (*p1<*p2)
   {c=*p1;*p1=*p2;*p2=c;}         /*  交换两个指针指向的单元中的值   */
 printf("a=%d,b=%d\n",a,b);
 printf("max=%d,min=%d\n",*p1,*p2);
 }
```

运行结果为：

输入：5，10↙
输出：a=10，b=5
　　　max=10，min=5

程序执行过程可参考图9-6。

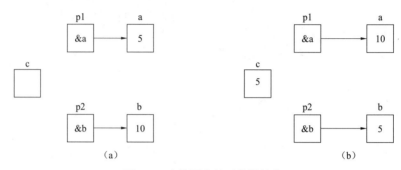

图9-6　交换两个整型数据的值

（a）交换前；（b）交换后

由图9-6可以看出，变量a、b的值已交换，其变化是通过对指针的引用实现的。

3）指针的算术运算

（1）指针可以与整型数相加减。若指针变量p当前指向2000单元，其基类型是整型，则以下操作是合法的。

```
p=p+1;                  /*p 指向 2002 单元*/
p=p+2;                  /*p 指向 2006 单元*/
p=p-1;                  /*p 指向 2004 单元*/
```

实际上，C语言中指针变量进行加减运算时，移动的字节数与基类型有关。当基类型为整型时，指针加1，则移动2个字节；当基类型为实型时，指针加1，移动4个字节；当基类型为字符型时，指针加1，移动1个字节。因此，p=p+n后，p将后移n个基类型元素的长度。

（2）指针的减法运算。两个相同基类型的指针变量可以进行减法运算。设p1、p2均为指向整型变量的指针变量，且p1=2000，p2=2006，则p2-p1=3。3其实是(2006-2000)/2得到的结果，表示两个指针所指对象之间指针基类型的元素个数。系统会根据类型自动地进行地址运算，并不是两个地址的直接相减。

三、使用指针变量作函数参数

函数的参数是一般变量或常数时，函数实参向形参的传递是单向值传递。函数的参数是数组名时，则将实参数组名传递给形参数组名，数组名表示数组中第一个元素的地址，故这种传递是地址传递。函数参数还可以是指针变量，其作用是将变量的地址传到另一函数。下面用指针变量作为函数参数来实现两个整数按由大到小的顺序输出。

【例9.3】由键盘输入两个整型数据，按由大到小的顺序输出。

程序如下：

```
void  swap(int *pa,int *pb)
{ int  p;
  p=*pa;*pa=*pb;*pb=p;
}
main( )
{ int  a,b,*p1,*p2;
  scanf("%d,%d",&a,&b);
  p1=&a;p2=&b;
  if(a<b)  swap(p1,p2);
  printf("%d,%d\n",*p1,*p2);
}
```

运行结果为：

输入：5，10↙

输出：10，5

说明：

（1）本程序由主函数直接调用 swap 函数，实参为 main 函数中的指针变量 p1、p2。它们已指向变量 a 和 b，如图 9-7（a）所示。

（2）被调用函数 swap 的两个形参 pa 和 pb 为与实参类型一致的指针变量。在调用该函数时，p1、p2 将其地址值传递给 pa、pb，这时 pa 指向变量 a，pb 指向变量 b，如图 9-7（b）所示。

（3）swap 函数执行过程中，通过引用指针变量来交换 a、b 两个变量的值，如图 9-7（c）所示。

（4）swap 函数结束后，返回到主函数，输出 a 为 10，b 为 5，如图 9-7（d）所示。

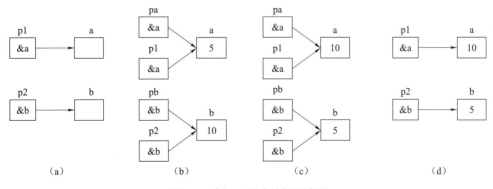

图 9-7 例 9.3 程序执行示意图

由图 9-7 可以看出，交换 a、b 两数，并未改变原指针变量的值，只是在 swap 函数中通过引用形参 pa、pb 使 a、b 的值互换，其实是通过形参指针变量 pa、pb 间接地对主函数中的 a、b 操作。由此可见，将指针变量作为函数参数是非常灵活的，指针为函数之间的数据传递提供了一种新途径。

任务二 使用指针操作数组

C 语言中数组与指针有着密切的联系，在编程时完全可以用指针代替下标引用数组及数组元素，且使数组的引用更为灵活、有效。当一个数组被定义后，程序会按照其类型和长度在内存中为数组分配一块连续的存储单元。此时，数组名成为符号常量，其值为数组在内存中所占用单元的首地址，也就是说，数组名代表数组的首地址。指针是用来存放地址的变量，当某个指针存放数组名或数组中第一个元素的地址时，可以说该指针指向了这个数组，这样就可以通过指针间接访问数组中的元素。

任务要求

本任务要求掌握使用指针对数组进行操作的方法。

任务实现

一、使用指针操作一维数组

通过指针引用数组元素，必须要定义指向数组的指针，例如：

```
int  a[10];
int  *p;
p=a;
```

以上语句定义了一个长度为 10 的一维整型数组，同时还定义了一个指针变量 p，其基类型必须和所指向的数组类型相同，数组名 a 代表数组的首地址。由于数组的首地址就是数组元素 a[0] 的地址，故语句 "p=a;" 还可以是 "p=&a[0];"，从而使 p 指向数组 a 的第 0 个元素。变量在定义的同时可以赋初值，上面三个语句还可以等价写成：

```
int  a[10], *p=a; 或 int  a[10], *p=&a[0];
```

只要移动指针 p，就可访问数组 a 的任一元素。如图 9-8 所示。

图 9-8 指向数组元素的指针

【例 9.4】用不同的方法输入、输出数组元素。

方法 1：数组元素的值通过赋初值得到，输出是 for 语句通过 a[i] 等引用数组元素。程序如下：

```
main( )
```

```
{int  a[10]={0,1,2,3,4,5,6,7,8,9},i,*p;
 p=a;
 for(i=0; i<=9; i++)
   printf("%5d",a[i]);    /*  a[i]可用p[i]或*(a+i)或*(p+i)或*p++代替  */
 printf("\n");
}
```

方法 2：输入是 for 语句通过&a[i] 引用数组元素，输出是 for 语句通过 a[i]等引用数组元素。程序如下：

```
main( )
{int a[10],i, *p=a;
 for(i=0;i<10;i++)
   scanf("%d",&a[i]);
 for(i=0;i<10;i++)
   printf("%5d",a[i]);    /*  a[i]可用p[i]或*(a+i)或*(p+i)或*p++代替  */
 printf("\n");
}
```

方法 3：输入是 for 语句通过 a+i 引用数组元素，输出是 for 语句通过*（a+i）等引用数组元素。程序如下：

```
main( )
{int a[10],i, *p=a;
 for(i=0;i<10;i++)
   scanf("%d",a+i);
 for(i=0;i<10;i++)
   printf("%5d",*(a+i));  /*  *(a+i)可用p[i]或a[i]或*(p+i)或*p++代替  */
 printf("\n");
}
```

方法 4：输入是 for 语句通过 p 引用数组元素，输出是 for 语句通过*p 引用数组元素。程序如下：

```
main( )
{
 int a[10],i,*p=a;
 for(i=0;i<10;i++,p++)
   scanf("%d",p);
 for(p=a;p<a+10;p++)
   printf("%5d",*p);
 printf("\n");
}
```

方法 5：输入是 for 语句通过 p++引用数组元素，输出是 for 语句通过*p++引用数组元素。程序如下：

```
main( )
{
 int a[10],i,*p;
 p=a;
 for(i=0;i<10;i++)
   scanf("%d",p++);
 for(p=a, i=0;i<10;i++)          /*  请考虑此处 p=a 的用意！  */
   printf("%5d",*p++);
 printf("\n");
}
```

运行结果：

输入（除方法1外）： 0 1 2 3 4 5 6 7 8 9 ✓

输出：

　　0　1　2　3　4　5　6　7　8　9

分析如下：

（1）首先定义了整型数组 a、基类型为整型的指针变量 p 及整型变量 i，a 数组有 10 个元素，如图 9-9 所示。

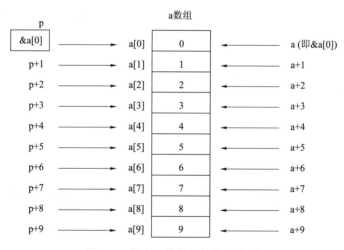

图 9-9　指向一维数组的指针变量

（2）p 指向数组 a，则 p=a 或 p=&a[0]，如图 9-9 所示。当指针向下移动时，p+1 指向 a[1]，即 p+1=&a[1]；p+2 指向 a[2]，即 p+2=&a[2]；…；当指针指向数组的第 i 个元素时，有 p+i=&a[i]，此时，*(p+i)等价于 a[i]。

（3）指向数组的指针变量也可以带下标，如 p[i]与*(p+i)等价。

在 p 指向一维数组(p=&a[0])之后，元素的下标引用和指针引用的关系如下（写在同一行上的表达式是对同一元素的等价引用形式）：

| a[0] | *p | *a 或*(a+0) |
| a[1] | * (p+1) | * (a+1) |

a[2]	*(p+2)	*(a+2)
⋮		
a[9]	*(p+9)	*(a+9)

元素地址的对应关系如下：

&a[0]	p	a 或 a+0
&a[1]	p+1	a+1
&a[2]	p+2	a+2
⋮		
&a[9]	p+9	a+9

注意：指针 p 是变量，数组名 a 是常量，因而 p=a;，p++;是合法的操作，而 a=p;，a++;，p=&a;都是非法的。

（4）指针运算符*与++、--的优先级相同，结合方向自右向左。即：

*++p：先使 p 加 1，再取 p 所指单元中的内容。

*p++：先取 p 所指单元内容，再使 p+1。

(++p)：同++p。

*(p++)：同*p++。

++*p：将 p 指向的单元的内容加 1。

--p：等效于(--p)，先使 p 减 1，再取 p 所指单元中的内容。

p--：等效于(p--)，先取 p 所指单元中的内容，再使 p 减 1。

--*p：将 p 指向的单元的内容减 1。

【例 9.5】从键盘输入 10 个整数，找出其中最小的数并显示出来。

程序如下：

```
main( )
{
 int  a[10],min,i,*p;
 p=a;
 for(i=0;i<10;i++)
   scanf("%d",p++);
 min=a[0];
 for(p=a;p<a+10;p++)
   if (min>*p)
     min=*p;
 printf("min=%d\n",min);
}
```

运行结果：

输入：<u>5 -4 7 -10 8 2 -100 0 36 -3</u> ✓

输出：min=-100

二、使用数组名作函数参数

数组名可以作为函数的形参或实参。如果要将一个一维数组的首地址传给函数，实参可以是数组名或存放有数组首地址的指针变量。而形参可以为一个一维数组或基类型为数组元素的指针变量。下面通过例题来说明。

【例9.6】 编一个函数，求数组 a 中 n 个整数的最小值。

方法1：形参为指针，实参为数组名。程序如下：

```c
int  fmin(int *p, int n)
{ int  i,m;
  m=*p;
  for(i=0;i<n;i++)
    if (m>*(p+i))
       m=*(p+i);
  return(m);
}
main( )
{
 int  a[10],min,i;
 for(i=0;i<n;i++)
   scanf("%d",&a[i]);
min=fmin(a,10);
 printf("min=%d",min);
}
```

该程序在进行函数调用时，将实参 a 的值（即数组的起始地址）传给形参 p，指针 p 获得了数组的起始地址，通过指针的移动求出数组中元素的最小值。如图9-10所示。

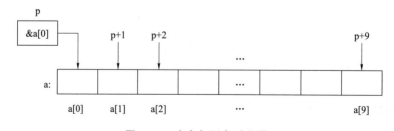

图9-10　实参与形参对照图

方法2：实参和形参均为指向数组元素基类型的指针变量。程序如下：

```c
int  fmin(int *p,int n)
{
  int  i,m;
    m=*p;
    for(i=0;i<n;i++)
```

```
        if  (m>*(p+i))
          m=*(p+i);
       return(m);
}
main( )
{int  a[10],i,*p1,min;
 for(i=0;i<n;i++)
   scanf("%d",&a[i]);
 p1=a;
 min=fmin(p1,10);
 printf("min=%d",min);
}
```

方法3：实参和形参都是数组名。程序如下：

```
int  fmin(int b[],int n)
{ int  i,m;
  m=b[0];
  for(i=0;i<n;i++)
    if  (m>b[i])
      m=b[i];
  return(m);
}
main( )
{int  a[10],min,i;
 for(i=0;i<n;i++)
   scanf("%d",&a[i]);
 min=fmin(a,10);
 printf("min=%d",min);
}
```

方法4：实参为指向数组的指针变量，形参为数组。程序如下：

```
int  fmin(int b[],int n)
{ int  i,m;
  m=b[0];
  for(i=0;i<n;i++)
    if  (m>b[i])
      m=b[i];
  return(m);
}
main( )
{int  a[10],i,*p1,min;
```

```
  for(i=0;i<n;i++)
    scanf("%d",&a[i]);
  p1=a;
  min=fmin(p1,10);
  printf("min=%d",min);
}
```

说明：接受数组首地址的形参不论定义为数组形式还是定义为指针，C 编译时都会把它转化为指针处理。因为参数不能接受整个数组，只能得到数组的起始地址。因此，形参中的数组名是指针变量而不是指针常量，这样就可以对作为形参的数组名进行各种运算，如自加或自减。但作为主函数中定义的数组名是常量，是不可以进行自加或自减的。

三、使用指针操作二维数组

用指针变量可以指向一维数组，并可以通过指针引用数组元素。指针变量也可以指向二维数组，在概念和使用上，二维数组的指针较一维数组的指针要复杂一些。

1. 二维数组的地址表示法

二维数组从其表面上看，既有行又有列，因此它的逻辑结构是二维结构。实际上，二维数组在内存中是以行的形式存放的，也就是说，它的物理结构是一维的。下面举例说明二维数组的地址及元素的关系和表示方法。

设二维数组为：

`int a[3][4]={{0,1,2,3},{4,5,6,7},{8,9,10,11}};`

则数组名为 a，它有 3 行 4 列共计 12 个元素。

0 行：	a[0][0]	a[0][1]	a[0][2]	a[0][3]
1 行：	a[1][0]	a[1][1]	a[1][2]	a[1][3]
2 行：	a[2][0]	a[2][1]	a[2][2]	a[2][3]

经初始化后，如图 9–11 所示。

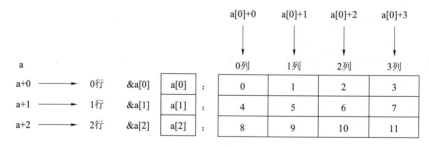

图 9–11　二维数组的逻辑结构

第 0 行各数组元素中均含有 a[0]；第 1 行各数组元素中均含有 a[1]；第 2 行各数组元素中均含有 a[2]。因此可认为第 0 行、第 1 行、第 2 行分别是数组名为 a[0]、a[1]、a[2] 的一维数组。而 a[0]、a[1]、a[2] 又可以认为是数组名为 a 的一维数组，该一维数组含有 3 个数组元素。这样就把二维数组 a[3][4] 分解为 4 个一维数组，数组名分别为 a、a[0]、a[1]、a[2]，从而可以用处理一维数组的方法来处理复杂的二维数组。

必须强调的是，由于 a、a[0]、a[1]和 a[2]被认为是一维数组名，则它们分别表示数组在内存中的首地址。所不同的是，数组 a 包含 3 个元素，其元素的类型为整型数组，而数组 a[0]、a[1]和 a[2]分别包含 4 个元素，元素类型均为整型。

对于 a 数组，a 指向行，a+i 表示第 i 行的地址，其指向元素为 a[i]的单元，因而地址为&a[i]；*(a+i)表示 a+i 所指单元的内容，其值为 a[i]，仍表示地址，因此可以说*(a+i)指向第 i 行第 0 列元素地址，即&a[i][0]。根据以上分析，有以下等价关系：

a+i ←→ &a[i] ←→ *(a+i) ←→ a[i] ←→ &a[i][0]。

对于 a[0]数组，a[0]指向列，a[0]+j 表示第 0 行第 j 列的地址，即&a[0][j]，则存在以下等价关系：

a[0]+j ←→ &a[0][j] ←→ *(a+0)+j

同理，a[i]数组第 j 列的地址有以下等价关系：

a[i]+j ←→ &a[i][j] ←→ *(a+i)+j

由此可以推出 a[i]数组第 j 列元素有以下等价关系：

*(a[i]+j) ←→ *(&a[i][j]) ←→ *(*(a+i)+j)

2. 指向二维数组的指针变量

在了解了上面的概念后，可以用指针变量指向二维数组及其元素。

1）指向数组元素的指针变量

【例 9.7】用指针变量输出数组元素的值。

```
main( )
{
 int  a[3][4]={1,2,3,4,5,6,7,8,9,10,11,12};
 int  *p, i=0;
 for(p=a[0];p<a[0]+12;p++,i++)          /*   m行   */
   {if(i%4==0) printf("\n");
     printf("%5d",*p);
   }
}
```

运行结果为：

```
1    2    3    4
5    6    7    8
9    10   11   12
```

如果将上面 m 行改为：

```
for(p=a;p<a+12;p++,i++)
```

则编译会给出警告错误：

```
suspicious pointer conversion in function main
```

因为 a 与 p 的类型不同，a 是行地址，a+1 中的 1 代表 1 行的长度。而 p 是指向整型变量的指针变量，p+1 中的 1 代表一个整型单元。

上面的程序还可以改为：

```
main( )
{
 int  a[3][4]={1,2,3,4,5,6,7,8,9,10,11,12},i,j,*p;
 p=a[0];
 for(i=0;i<3;i++)
 {
  for(j=0;j<4;j++)
   printf("%5d",*p++);      /*    n行    */
   printf("\n");
 }
}
```

n 行可用 printf("%5d",*(p+i*4+j));代替。

2）指向数组的指针变量

对于二维数组元素的访问，还可以定义一个指向一维数组的指针，并将一个行地址送给它。这时指针值加 1，则该指针移动的长度为一维数组的长度。

指向一维数组的指针的定义方法如下：

类型说明符 (*指针变量名)[数组长度];

其中，类型说明符为数组元素的类型，数组长度确定了指针变量在进行加 1 或减 1 时移动的元素个数。例如：

int (*p)[4];

定义了一个指向有 4 个元素的一维数组的指针变量 p，进行 p++后，p 将后移 4 个单元（8个字节）。

注意：定义 p 时，圆括号不能省略，这是因为[ ]的优先级高于*。若省略了圆括号，p 先与[ ]结合为数组，*p[4]表示数组中的每个元素为指针类型，这种数组叫指针数组。

【例9.8】用指向一维数组的指针变量输出二维数组元素。

方法 1：

```
main( )
{
 int  a[3][4]={1,2,3,4,5,6,7,8,9,10,11,12};
 int  (*p)[4],i,j;
 p=a;
 for(i=0;i<3;i++)
  {or(j=0;j<4;j++)
    printf("%5d",*(*(p+i)+j));
   printf("\n");
  }
}
```

方法 2：

```
main( )
```

```
{
int  a[3][4]={1,2,3,4,5,6,7,8,9,10,11,12};
int (*p)[4],j;
for(p=a;p<a+3;p++)
 {for(j=0;j<4;j++)
    printf("%5d",*(*p+j));
  printf("\n");
 }
}
```

试分析两种方法有何不同。

任务三　使用指针操作字符串

C 语言中没有专门存放字符串的变量，字符串是存放在字符数组中的，且以'\0'作为结束标志，数组名表示该字符串在内存中的首地址。当定义一个指针变量指向一字符数组后，就可以通过指针访问数组中的每个元素。因此，可以用两种方法访问一个字符串。

任务要求

本任务要求掌握使用指针对字符串操作的方法。

任务实现

一、字符串的表示和引用

1. 用字符数组处理字符串

【例 9.9】

```
main( )
{ int i;
  char  str[ ]="I am a student.";
  printf("%s\n",str);
  for(i=0;str[i]!='\0';i++)
    print("%c",str[i]);
  printf("\n");
  printf("%s",&str[7]);
}
```

运行结果为：

```
I am a student.
I am a student.
```

student.

2. 用字符指针实现上述结果

【例9.10】

```
main( )
{char  *str="I am a student.",*str1;
 str1=str;
 printf("%s\n",str);
 for(; *str!='\0';str++)
    printf("%c",*str);
 printf("\n");
 str1=str1+7;
 printf("%s",str1);
}
```

运行结果为：

```
I am a student.
I am a student.
student.
```

说明：

（1）定义的指针变量 str 指向字符串"I am a student"的首地址，即 str 指向 I。

（2）str1 也指向字符串，执行"str1=str1+7;"后使 str1 指向字符 s，故最后一行 printf 语句输出以 s 打头的剩余字符串。

【例9.11】用字符数组将字符串 a 复制到字符串 b。

```
main( )
{ int i;
  char  a[ ]="I am a student.",b[20];
  for(i=0;*(a+i)!='\0';i++)
    *(b+i)=*(a+i);
  *(b+i)='\0';
  printf("string a is :%s\n",a);
  printf("string b is :%s\n",b);
}
```

运行结果为：

```
string a is :I am a student.
string b is :I am a student.
```

【例9.12】用指向字符数组的指针将字符串 a 复制到字符串 b。

```
main( )
{ int i;
  char  a[ ]="I am a student.",b[20],*p1,*p2;
```

```
  p1=a;p2=b;
  for(;*p1!='\0';p1++,p2++)
     *p2=*p1;
  *p2='\0';
  printf("string a is :%s\n",a);
  printf("string b is :");
  for(i=0;b[i]!='\0';i++)
     printf("%c",b[i]);
}
```

运行结果为：

```
string a is :I am a student.
string b is :I am a student.
```

说明：

（1）p1、p2 为指向字符型数组的指针变量，执行"p1=a;p2=b;"后，p1、p2 分别指向 a 数组和 b 数组。

（2）在 for 循环语句中，第一次执行*p2=*p1，将 a 数组中的第一个元素 a[0]的内容"I"赋给 b 数组的第一个元素 b[0]。

（3）执行"p1++，p2++"，使 p1、p2 指向下一个元素，直到*p1 的值为"\0"为止，从而完成将 a 数组中的字符串复制到 b 数组中。

二、使用字符串指针作函数参数

将一个字符串从一个函数传递到另一个函数，可以用字符数组作参数，也可以用指向字符串的指针变量作参数，即都是用地址传递的办法。若在被调用的函数中改变字符串的内容，则在主调函数中可以得到改变了的字符串。

【例 9.13】编一函数实现字符串的复制。

方法 1：实参和形参都为字符数组。程序如下：

```
void str_copy(char str1[ ],char str2[ ])
{ int i=0;
  while(str1[i]!='\0')
     {str2[i]=str1[i];i++;}
  str2[i]='\0';
}
main( )
{ char a[ ]="I am a student.";
  char b[ ]= "You are a teacher.";
  printf("string_a=%s\nstring_b=%s\n",a,b);
  str_copy(a,b);
  printf("\nstring_a=%s\nstring_b=%s\n",a,b)
}
```

运行结果为：

string_a=I am a student.

string_b=you are a teacher.

string_a=I am a student.

string_b=I am a student.

方法 2：实参为字符型指针变量，形参为字符数组。

str_copy 函数同上，main 函数可改写如下：

```
main( )
{char *a="I am a student.";
 char *b="You are a teacher.";
 printf("string_a=%s\nstring_b=%s\n",a,b);
 str_copy(a,b);
 printf("\nstring_a=%s\nstring_b=%s\n",a,b)
}
```

方法 3：形参为字符型指针变量，实参为字符数组。

str_copy 函数可改为：

```
void str_copy(char *str1,char *str2)
{ while(*str1!='\0')
    {*str2=*str1; str1++;str2++;}
  *str2='\0';
}
```

main 函数同方法 1。

方法 4：形参和实参都用字符指针变量。

```
void str_copy(char *str1,char *str2)
{  while(*str1!='\0')
    {*str2=*str1; str1++;str2++;}
    *str2='\0';
}

main( )
{char *a="I am a student.";
 char *b="You are a teacher.";
 printf("string_a=%s\nstring_b=%s\n",a,b);
 str_copy(a,b);
 printf("\nstring_a=%s\nstring_b=%s\n",a,b)
}
```

后三种方法运行结果同方法 1。

说明：

（1）实参和形参无论是数组还是指针变量，在参数传递过程中传递的都是地址。

（2）字符数组由若干个元素组成，每个元素中放一个字符，而字符指针变量中存放的是地址（字符串的首地址），绝不是将字符串放到字符指针变量中。

（3）字符串的复制是将原字符串的内容依次复制到目标字符串中去，直到遇到字符串结束标志('\0')。

任务四　使用指针操作函数

任务要求

本任务要求掌握指针数组的概念、指针形式的返回值及指向函数的指针等的定义和使用。

任务实现

一、返回指针值的函数

一个函数可以返回一个整型值、实型值、字符型值等，也可以返回指针型的数据，即地址。返回指针值的函数的定义方法如下：

类型名　* 函数名(参数表)；

例如：

int *a(int x,int y);

a 是函数名，调用它以后能得到一个指向整型数据的指针（地址）。x 和 y 是函数 a 的形参，为整型。*a 前面的 int 为函数返回的指针指向的类型。

注意：不能将指针函数定义符*a(int x,int y)写成(*a) (int x,int y)。前者定义的是一个函数，后者定义的是一个指针。

【例9.14】输入两个字符串（长度不超过 80），进行字符串比较，并输出较大的字符串（用指针函数实现）。

```
#include <string.h>
#define STRLEN  81
#include <stdio.h>
char  * maxstr(char *str1,char *str2)
{ if(strcmp(str1,str2)>=0)  return(str1);
  else                      return(str2);
}
main( )
{char string1[STRLEN],string2[STRLEN],*result;
 printf("Input two strings:\n");
 scanf("%s%s",string1,string2);
 result=maxstr(string1,string2);
 printf("The max string is:%s\n",result);
}
```

程序运行结果：

```
Input two strings:
abcdeFg  abcdef
The max string is: abcdef
```

二、指针数组

一个数组，其元素均为指针类型数据，则称其为指针数组。定义形式如下：

类型名 ＊ 数组名[数组长度];

例如：

```
int  *a[10];
```

说明：a是一个指针数组，有10个元素，每个元素的类型为指针，指向数据的类型为整型。

注意：不要写成"int (*a)[10];"，这是指向一维数组的指针变量。指针数组比较适合用来指向若干个字符串，使字符串处理更加方便灵活。

【例9.15】将若干字符串按字母顺序（由小到大）输出。

```
#include <string.h>
void sort(char *name[ ],int n)
{char *t;
 int  i,j;
 for(i=0;i<n-1;i++)
 for(j=0;j<n-1-i;j++)
   if(strcmp(name[j],name[j+1])>0)
     {t=name[j];name[j]=name[j+1];name[j+1]=t;}
}
void display(char *p[],int n)
{int i;
 for(i=0;i<n;i++)
  printf("%s\n",p[i]);
}
main( )
{char *p[]={"Visual C", "Delphi", "Foxpro6.0", "Qbasic"};
 int n=4;
 sort(p,n);
 display(p,n);
}
```

分析：一个字符串可以用一个字符数组存储，数组的长度必须固定。多个字符串可以用一个二维字符数组存储，但数组的列数必须是那个最长的字符串的长度。当每个字符串的长度不相等时，则会浪费许多内存单元。若定义一个指针数组，数组中的每个元素各指向一个字符串，每个字符串占的存储空间为字符串的实际长度。要对字符串进行排序，不需移动字符串，只需改动指针数组中各元素的指向即可。移动指针要比移动字符串花费的时间少得多。排序前后指针数组的指向如图 9–12 所示。

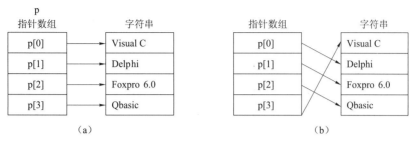

图 9–12　指针数组的指向

（a）排序前；（b）排序后

三、main( )函数的参数

指针数组的一个重要应用是作为 main 函数的形参。

到目前为止，所编写的 main( ) 函数都不带参数，事实上，main( ) 函数是可以带参数的。如果 main( ) 函数带形参，由于它不能被其他函数调用，那么其参数是由谁提供的呢？显然不可能从程序中得到。只有系统调用 main( ) 函数时，才能提供实参，实际上实参是由命令行提供的。

那么什么是命令行呢？命令行的一般形式为：

可执行文件名　参数 1　参数 2　…　参数 n

说明：命令行中包括命令名和需要传给 main( ) 函数的参数，命令名和各参数之间用空格分隔。

带参数的 main( ) 函数格式如下：

```
main(int argc,char *argv[])
```

其中，argc 为命令行中参数的个数（包括可执行文件名），而 argv 为一字符指针数组，元素个数随命令行参数而定。每个指针数组元素都指向命令行中的一个参数。

例如，如果有一个带参数的 main( ) 函数，它所在的文件名为 abc，将该文件通过编译、连接之后生成 abc.exe，然后在该文件所在的路径下键入以下命令：

```
abc computer language
```

此时，argc 的值为 3，argv 数组的元素个数为 3，argv 的内存分配情况如图 9–13 所示。

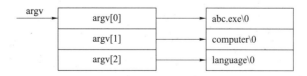

图 9–13　argv 的内存分配情况

【例 9.16】输出除可执行文件名以外的命令行参数。

```
main(int argc,char *argv[])
{
```

```
    int i;
    for(i=1;i<argc;i++)
        printf("%s",argv[i]);
    printf("\n");
}
```

若程序生成 abc.exe 文件后，设命令行为：

```
abc computer language.
```

则输出为：

```
computer language.
```

若命令行输入：

```
abc I am a student.
```

则输出为：

```
I am a student.
```

四、指向指针的指针

所有变量都有地址，指针变量也不例外。其地址既可以用地址运算符"&"求得，也可以将其地址存入另一变量，这一变量叫指向指针的指针变量，简称为"指向指针的指针"。其定义方法为：

类型说明符　**指针变量名;

例如：

```
int  x=3,*p1,**p2;
p1=&x;
p2=&p1;
```

三者之间的关系如图 9–14 所示。

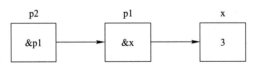

图 9–14　p1、p2 及 x 之间的关系

说明：

（1）变量 p2 是指向指针的指针变量，它的初值可以通过 "p2=&p1;" 或 "p2=&(&x);" 得到。

（2）变量 p2 可以直接访问指针变量 p1（即通过*p2 得到 p1 的值），但不能直接访问变量 x（即通过*p2 不能得到 x 的值）。

（3）若变量 p2 要访问 x，必须间接访问，即通过**p2 可以得到 x 的值。

（4）**p2=*(*p2)。

【例 9.17】指向指针的指针。

```
main( )
{ int  x=3,  *p1,  **p2;
```

```
  p1=&x;
  p2=&p1;
  printf("%d,%d,%d\n",x,*p1,**p2);
}
```

运行结果为：

```
3,3,3
```

【例9.18】指针数组元素指向整型数组，用指向指针的指针变量输出。

```
main( )
{int  a[5]={2,4,6,8,10};
 int  *aad[5]={&a[0],&a[1],&a[2],&a[3],&a[4]};        /* 指针数组 */
 int  **p,i;
 p=aad;                      /* 数组名代表该数组在内存单元的首地址 */
 for(i=0;i<5;i++)
  { printf("%d\t",**p);
    p++;
  }
}
```

运行结果为：

```
2    4    6    8    10
```

【例9.19】将例9.15中的display函数改写如下：

```
void display(char *p[],int n)
{int i;
 char **p1;
 p1=p;
 for(i=0;i<n;i++)
  printf("%s\n",*p1++);
}
```

请读者自己分析。

五、指向函数的指针变量

指针变量可以指向变量、字符串、数组，也可以指向一个函数。一个函数在编译时被分配一个入口地址。这个入口地址就称为函数的指针。可以定义一个指针变量，它的值为函数的入口地址，通过这个指针变量可以调用函数，该指针变量叫作指向函数的指针变量。

指向函数的指针变量的定义形式为：

```
数据类型 (*指针变量名)();
```

其中，数据类型为函数返回值的类型。例如：

```
int  (*p)();
```

表示 p 被定义为指向返回值为整型的函数的指针变量，它是专门用来存放函数的入口地址的。

【例 9.20】求整数 a、b、c 中的最大者。

```
main( )
{int max();
 int (*p)();
 int a,b,c,m;
 p=max;
 scanf("%d,%d,%d",&a,&b,&c);
 m=(*p)(a,b);
 m=(*p)(m,c);
 printf("a=%d,b=%d,c=%d,max=%d",a,b,c,m);
}
max(int x,int y)
{int z;
 z=(x>y)?x:y;
 return(z);
}
```

运行结果：

输入：<u>5, 9, 2</u>↙

输出：a=5,b=9,c=2,max=9

说明：

（1）p=max 表示将函数 max 的入口地址赋给指针变量 p。

（2）通过语句 "m=(*p)(a,b);" 调用 max 函数，它等价于 "m=max(a,b);"。

（3）第二个函数调用语句 "m=(*p)(m,c);" 是将第一次调用的结果 m 和 c 作为本次函数的实参，通过调用得到最终结果。

（4）指针变量 p 只能指向函数的入口地址，因此不能对其做 p++、p--、*(p++)等运算。

项 目 小 结

1. 有关指针定义的小结

本项目主要介绍了指针变量的概念及指向不同类型的指针，下面将常用的与指针有关的数据定义形式进行归纳，见表 9-1，以便读者能更好地掌握。

表 9-1 有关指针的定义形式

定义形式	含　义
int *p;	定义了一个指针变量 p，它只能指向整型数据
int (*p)( );	定义了一个指向函数的指针变量 p，该函数的返回值为整型

续表

定义形式	含 义
int *p( )	定义了一个指针函数 p，其返回值是一个指针，该指针指向一个整型数据
int *p[n];	定义了一个指针数组 p，它由 n 个指向整型数据的指针元素组成
int (*p)[n];	定义了一个指针变量 p，它指向含 n 个元素的一维数组，该数组中的元素为整型数据
int **p;	p 是一个指针变量，它指向一个指向整型数据的指针变量，即 p 是一个指向指针的指针

2. 使用指针时应注意的事项

（1）若定义了一个指针变量，该指针没有具体指向时，不可以引用该指针。

（2）不同类型的指针变量不可以互相赋值。

（3）不应该把一个整数赋给一个指针变量，同样，也不能把指针变量 p 的值（地址）赋给一个整型变量 i，如：

```
int  *p , i;
p=1000;        /* 该语句不正确 */
i=p;           /* 该语句不正确 */
```

（4）对于两个指向同一数组元素的指针变量 p1、p2，p1−p2（两指针值之差）表示两个指针之间的元素个数；p1<p2（两指针值比较）说明 p2 所指元素的地址大于 p1 所指元素的地址；但是两个指针变量相加无实际意义。

项目学习评价

序号	评价内容	评价要素	自我评价	教师评价	反思：学习过程中目标的完成情况如何？遇到了哪些困难？采取了什么样的解决方式？
1	学习态度	主动学习知识内容			
		独立完成工作任务			
		积极探索拓展内容			
2	基础知识	熟悉指针、指针变量的概念			
		掌握指针数组的概念			
		掌握指针形式的返回值及指向函数的指针的定义			
		熟悉使用指针时的注意事项			
3	基本技能	能够利用指针实现数据排列			
		能够使用指针操作二维数组			
		能够使用指针实现字符数据的输出			
		掌握使用指针变量、数组名、字符串指针作函数参数的方法			
4	拓展应用	使用指针方法编写程序并上机调试运行			

注：评价档次采用 A（优秀）、B（良好）、C（合格）、D（不合格）四个水平。

习题与实训 <<<

一、选择题

1. 若有 "int x,*p;"，则正确的赋值表达式是（   ）。

   A. p=&x;   B. p=x;   C. *p=&x;   D. *p=*x;

2. 变量 p 为指针变量，若 p=&a，下列说法不正确的是（   ）。

   A. &*p==&a   B. *&a==a   C. (*p)++==a++   D. *(p++)==a++

3. 设有以下定义：int a[10],*p=a;，则对数组元素的引用有（   ），对数组元素地址的正确引用有（   ）。

   A. *&a[5]   B. a+2   C. *(p+5)   D. *(a+2)

   E. p+5   F. *a+1   G. &a+1   H. &a[0]

4. 设有如下定义：int a[2][3],(*p)[3]=a;，则对数组元素的正确引用有（   ），对数组元素地址的正确引用有（   ）。

   A.*(*(a+i)+j)   B. (a+i)[j]   C. *(a+i+j)   D. *(a+i)+j

   E. *(a[i]+j)   F. (a+i)   G. a[i]+j   H. *(p+2)

   I. p[1]+1   J. *(*(p+2)+1)

5. 下面关于字符串的定义和操作语句，正确的有（   ）。

   A. `char s[5]={"ABCDE"};`

   B. `char s[5]={'A','B','C','D','E'};`

   C. `char *s; s="ABCDE";`

   D. `char *s; scanf("%s",s);`

   E. `char str[20],*p=str;scanf("%s",p[2]);`

   F. `char *str1="12345",*str2="ABCDE";stract(str1,str2);`

   G. `char s[10],*p=s;p="ABCDE";`

   H. `char s[10],*p;p=s="ABCDE";`

6. 执行下面的语句后，表达式 "*(p[0]+1)+ * *(q+2)" 的值为（   ）。

   `int a[]={5, 4, 3, 2, 1}, *p[]={a+3, a+2, a+1, a}, * *q=p;`

   A. 8   B. 7   C. 6   D. 5

7. 下面程序的输出结果是（   ）。

   ```
   main( )
   {char s[ ]= "abcd";
    char  *p;
    for(p=s;p<s+4;p++);
    printf("%s/n",p);
   }
   ```

   A. abcd   B. a   C. d   D. abcd
      bcd   b   c   abc
      cd   c   b   ab
      d   d   a   a

8. 下面函数的功能是(　　)。

```
int fun1(char *x)
{ char *y=x;
  while(*y++);
  return(y-x-1);
}
```

A. 将字符串 x 复制到字符串 y
B. 比较两个字符串的大小
C. 求字符串的长度
D. 将字符串 x 连接到字符串 y 的后面

9. 下面程序的输出结果是 (　　)。

```
main( )
{ int a[3][4]={1,3,5,7,9,11,13,15,17,19,21,23};
  int (*p)[4]=a,i,j,k=0;
  for(i=0;i<3;i++)
  for(j=0;j<2;j++)
    k=k+*(*(p+i)+j);
  printf("%d\n",k);
}
```

A. 99　　　　　　B. 68　　　　　　C. 60　　　　　　D. 108

10. 下面程序的运行结果是 (　　)。

```
void         prtv(int *x)
{printf("%d\n",++*x);}
 main( )
 {int b=25; prtv(&b);}
```

A. 23　　　　　　B. 24　　　　　　C. 25　　　　　　D. 26

二、填空题

1. 下面程序段执行后，a 的值为_____。

```
int *p,a;
a=100;p=&a;a=*p+10;
```

2. 设有如下程序：

```
main( )
{ int **k,*j,i=100;
  j=&i;k=&j;
  printf("%d\n",**k);
}
```

运行结果为_____。

3. 有以下程序：

```
main(int argc,char *argv[])
{int i;
for(i=1;i<argc;i++)
  printf("%s",argv[i]);
```

```
    printf("\n");
    }
```

若程序生成 file1.exe 文件后，设命令行为：

```
file1 China Shanghai.
```

则输出为_____。

三、编程题（要求用指针方法处理）

1. 输入三个整数，按由小到大的顺序输出。

2. 写一个函数来求一个字符串的长度。在 main 函数中输入字符串，并输出其长度。

3. 写一个函数，将一个 3×3 的矩阵转置。

4. 将 n 个数按输入时的顺序逆序排列，用函数实现。

5. 用指向指针的指针的方法对 5 个字符串排序并输出。

6. 在主函数中输入 10 个等长的字符串。用另一个函数对它们排序，然后在主函数输出这 10 个已排序的字符串。

7. 用指针数组处理上一个题目，字符串不等长。

四、实训题

1. 实训要求

（1）通过实验进一步掌握指针的概念，会定义和引用指针变量。

（2）能正确使用数组的指针和指向数组的指针变量。

（3）能正确使用字符串的指针和指向字符串的指针变量。

（4）能正确使用指向函数的指针变量。

要求：所有程序用指针处理。

指针是 C 语言的精华，它的使用很灵活，但其概念比较复杂，难以理解与记忆，只有多思考、多比较、多上机，才能在实践中掌握它。

2. 实训内容

根据下列各题目编写程序并上机调试运行。

（1）输入 a 和 b 两个整数，按先小后大的顺序输出（不改变 a、b 的值，用指针实现）。

（2）用选择法对 10 个整数排序（用数组的指针和指向数组的指针变量实现）。

（3）设有两个字符串 a、b，将 a、b 的对应字符中的较大者存放在数组 c 的对应位置上（用字符串的指针和指向字符串的指针变量实现）。

（4）求 4 个整数中的最大值（用指向函数的指针变量实现）。

3. 分析与总结

（1）谈谈实验后对指针的理解。

（2）总结各题编程思路，谈谈本次实验的收获与经验。

项目十　使用结构体和共用体

在实际生活中，一组数据往往具有不同的数据类型，它们作为一个整体来描述一个事物的几个方面。例如，在学生登记表中，姓名应为字符型；学号可为整型或字符型；年龄应为整型；性别应为字符型；成绩可为整型或实型。显然不能用一个数组来存放这一组数据，这是因为数组中各元素的类型和长度都必须一致，以便于编译系统处理。为了解决这个问题，C 语言中给出了另一种构造数据类型——结构体。这种类型的变量可以拥有不同数据类型的成员。本项目主要介绍结构体和共用体的定义与应用方法。

【本项目内容】
- 结构体的定义与引用
- 共用体的定义与引用
- 链表处理——结构指针的应用
- 用户自定义类型

【知识教学目标】
- 了解结构体的概念，掌握结构体的定义方法
- 掌握结构体的初始化，能正确引用结构体
- 了解共用体的概念，掌握共用体的定义方法
- 掌握共用体的初始化，能正确引用共用体
- 掌握链表的定义和操作

【技能培养目标】
- 使用结构体、共用体处理具有不同的数据类型的一批数据

任务一　使用结构体

"结构"是一种构造类型，它是由若干"成员"组成的。每一个成员可以是一个基本数据类型或者是一个构造类型。结构是一种"构造"而成的数据类型，那么在说明和使用之前，必须先定义它，也就是构造它。如同在说明和调用函数之前要先定义函数一样。

▌ 任务要求 ▐

本任务要求掌握结构体类型的定义及结构体变量的定义和使用。

任务实现

一、定义结构体及变量

1. 结构体类型的定义

构造类型是由相同或不同的数据类型组合而成的。数组是构造类型，但它只能存放数据类型相同的一批数据。为了能将不同数据类型的数据存放在一起，C 语言规定用户可以自己定义一种数据类型来存放类型不同的数据。这种数据类型就称为"结构体"。

例如，一个人的有关信息就是由不同数据类型的数据组合而成的，姓名是字符串型（用字符数组来存放）、性别是字符型（用 M 表示男性、用 F 表示女性）、年龄是整型、工资是实型等。这样就可以定义含有一个字符数组、一个字符型、一个整型、一个实型的数据为一个结构体数据。

又如，一个学生的下列信息也可以定义为另一种结构体数据：

学号	姓名	性别	年龄	成绩1	成绩2	成绩3
长整型	字符数组	字符型	整型	实型	实型	实型

这种结构体数组中可以定义成包含一个长整型、一个字符数组、一个字符型、一个整型、三个实型的结构体数组，也可以将其中的三个实型定义为一个实型数组。

在同一个程序中，可以定义若干个不同的结构体。

定义一个结构的一般形式为：

```
            struct 结构名
      {　数据类型 1　　成员 1 名;
          数据类型 2　　成员 2 名;
                    …
          数据类型 n　　成员 n 名;
      };　/* 注意：分号";"不能省略 */
```

成员名的命名应符合标识符的书写规定。

例如：

```
struct stu
{ int num;
  char name[20];
  char sex;
  float score;
};
```

在这个结构定义中，结构名为 stu，该结构由 4 个成员组成。第一个成员为 num，定义成整型变量；第二个成员为 name，定义成字符数组；第三个成员为 sex，定义成字符变量；第四个成员为 score，定义成实型变量。应注意在括号后的分号是不可少的。结构定义之后，即可进行变量说明。凡说明为结构 stu 的变量，都由上述 4 个成员组成。由此可见，结构是一种复杂的数据类型，是数目固定、类型不同的若干有序变量的集合。

结构体的定义是可以嵌套的，即某个结构体成员的数据类型可以说明为另一个已定义的结构类型。例如下列名为 person1 的结构体就是嵌套定义的。

```
struct birthday          /* 定义含有 3 个整型成员的结构体*/
{int year;
 int month;
 int day;
 };
struct person1           /* 定义含有 4 个成员的结构体 */
{char name[20];
 char sex;
 struct  birthday  bir ; /* 该成员的数据类型是结构体 */
 float wage;
 };
```

注意：名为"birthday"的结构体定义必须在结构体"person1"的定义之前进行，否则，结构体"person1"定义时，会出现"birthday 结构体未定义"的错误。

2. 结构变量的定义

定义结构变量有以下三种方法。以上面定义的 stu 为例来加以说明。

1. 先定义结构，再说明结构变量

例如：

```
struct stu
{ int num;
  char name[20];
  char sex;
  float score;
};
struct stu  boy1, boy2;
```

说明了两个变量 boy1 和 boy2 为 stu 结构类型。也可以用宏定义使一个符号常量来表示一个结构类型，例如：

```
#define STU struct stu
STU
{ int num;
  char name[20];
  char sex;
  float score;
};
STU boy1,boy2;
```

2. 在定义结构类型的同时说明结构变量

例如：

```
struct stu
{ int num;
  char name[20];
  char sex;
  float score;
}boy1,boy2;
```

3. 直接说明结构变量

例如：

```
struct
{ int num;
  char name[20];
  char sex;
  float score;
}boy1,boy2;
```

第 3 种方法与第 2 种方法的区别在于，第 3 种方法中省去了结构名，而直接给出结构变量。说明了 boy1 和 boy2 变量为 stu 类型后，即可向这两个变量中的各个成员赋值。

二、结构体变量的引用与初始化

1. 结构体变量的引用

引用结构变量成员的一般形式是：

结构变量名. 成员名

例如，boy1.num 即第一个人的学号，boy2.sex 即第二个人的性别，如果成员本身又是一个结构，则必须逐级找到最低级的成员才能使用。例如，boy1.birthday.month 即第一个人出生的月份成员，可以在程序中单独使用，与普通变量完全相同。

结构变量的赋值就是给各成员赋值，可用输入语句或赋值语句来完成。

【例 10.1】给结构变量赋值并输出其值。

```
main(){
struct stu
{ int num;
  char *name;
  char sex;
  float score;
 }boy1,boy2;
 boy1.num=102;
 boy1.name="Zhang ping";
 printf("input sex and score\n");
 scanf("%c %f",&boy1.sex,&boy1.score);
```

```
boy2=boy1;
printf("Number=%d\nName=%s\n",boy2.num,boy2.name);
printf("Sex=%c\nScore=%f\n",boy2.sex,boy2.score);
}
```

本程序中用赋值语句给 num 和 name 两个成员赋值，name 是一个字符串指针变量。用 scanf 函数动态地输入 sex 和 score 成员值，然后把 boy1 的所有成员的值整体赋予 boy2。最后分别输出 boy2 的各个成员值。本例表示了结构变量的赋值、输入和输出的方法。

2. 结构体变量的初始化

和其他类型变量一样，对结构体变量可以在定义时指定初始值。

【例 10.2】结构变量初始化。

```
struct stu /*定义结构*/
{ int num;
  char *name;
  char sex;
  float score;
} boy2,boy1={102,"Zhang ping",'M',78.5};
main()
{ boy2=boy1;
  printf("Number=%d\nName=%s\n",boy2.num,boy2.name);
  printf("Sex=%c\nScore=%f\n",boy2.sex,boy2.score);
}
```

本例中，boy2 和 boy1 均被定义为结构变量，并对 boy1 作了初始化赋值。在 main 函数中，把 boy1 的值整体赋给 boy2，然后用两个 printf 语句输出 boy2 各成员的值。

三、结构体数组

如果在程序中定义某个结构体，不但可以用它来定义变量并赋初值，而且可以用它定义数组并初始化。

当使用指针变量指向结构体数组或其元素时，也应遵守指针变量的数据类型和结构体数组或元素的数据类型相同的原则。

结构数组的每一个元素都是具有相同结构类型的下标结构变量。在实际应用中，经常用结构数组来表示具有相同数据结构的一个群体。如一个班的学生档案、一个车间职工的工资表等。结构数组的定义方法和结构变量相似，只需说明它是数组类型即可。

例如：

```
struct stu
{ int num;
  char *name;
  char sex;
  float score;
```

```
}boy[5];
```

定义了一个结构数组 boy，共有 5 个元素，即 boy[0]～boy[4]。每个数组元素都具有 struct stu 的结构形式。对结构数组可以作初始化赋值，例如：

```
struct stu
{ int num;
  char *name;
  char sex;
  float score;
}boy[5]={{101,"Li ping",'M',45},{102,"Zhang ping",'M',62.5},
        {103,"He fang",'F',92.5},{104,"Cheng ling",'F',87},
        {105,"Wang ming",'M',58}};
```

当对全部元素作初始化赋值时，也可以不给出数组长度。

【例 10.3】计算学生的平均成绩和不及格的人数。

```
struct stu
{ int num;
  char *name;
  char sex;
  float score;
}boy[ ]={{101,"Li ping",'M',45},{102,"Zhang ping",'M',62.5},
        {103,"He fang",'F',92.5},{104,"Cheng ling",'F',87},
        {105,"Wang ming",'M',58}};
main()
{ int i,c=0;
  float ave,s=0;
  for(i=0;i<5;i++)
   { s+=boy[i].score;
     if(boy[i].score<60) c+=1;
   }
  printf("s=%f\n",s);
  ave=s/5;
  printf("average=%f\ncount=%d\n",ave,c);
}
```

本例程序中定义了一个外部结构数组 boy，共 5 个元素，并作了初始化赋值。在 main 函数中用 for 语句逐个累加各元素的 score 成员值存于 s 中，如 score 的值小于 60（不及格），即计数器 c 加 1，循环完毕后计算平均成绩，并输出全班总分、平均分及不及格人数。

【例 10.4】建立同学通讯录。

```
#include"stdio.h"
#define NUM 3
struct mem
```

```
{ char name[20];
  char phone[10];
};
main()
{ struct mem man[NUM];
  int i;
  for(i=0;i<NUM;i++)
    { printf("input name:\n");
      gets(man[i].name);
      printf("input phone:\n");
      gets(man[i].phone);
    }
  printf("name\t\t\tphone\n\n");
  for(i=0;i<NUM;i++)
      printf("%s\t\t\t%s\n",man[i].name,man[i].phone);
}
```

本程序中定义了一个结构 mem，它有两个成员 name 和 phone，用来表示姓名和电话号码。在主函数中定义 man 为具有 mem 类型的结构数组。在 for 语句中，用 gets 函数分别输入各个元素中两个成员的值。然后又在 for 语句中用 printf 语句输出各元素中的两个成员值。

任务二　使用指针操作结构体

前面已经提到，结构体变量或数组元素的成员可以使用"成员运算符"来直接引用，也可以使用指向结构体数据成员的指针变量来引用，但不方便，还可以使用指向结构体变量或数组元素的指针变量来间接引用其成员。

任务要求

本任务要求掌握使用指针对结构体变量、结构体数组进行操作的方法。

任务实现

一、指向结构体变量的指针

定义指向结构体变量的指针变量和定义结构体变量的方法基本相同，唯一的区别是在指针变量名的前面加一个指针标记"*"。可以将结构体和指针变量分开来定义，也可以同时定义结构体和对应的指针变量，使用后一种方法还可以省略结构体的名称。

当一个结构体变量的地址已赋给相同结构体的指针变量（即指针变量指向变量），就可以使用下列两种方式来引用该结构体变量的成员，其作用完全相同。

方式 1：(*指针变量). 成员名

方式 2：指针变量->成员名

方式 1 比较好理解，其中"*指针变量"就代表了它所指向的结构体变量，利用"成员运算符"来引用，其作用相当于"结构体变量.成员名"。需要注意的是，"*指针变量"必须用圆括号括住，因为"*"运算符的级别低于"."运算符的级别，如果不加括号，则优先处理"."运算符，将出现"指针变量.成员名"，会造成语法错误。

方式 2 是一种新的引用方法，其中的"->"称为"指向成员运算符"，也简称为"指向运算符"。其运算级别和"（）""[ ]""."是同级的。指向运算符的左边必须是已指向某个结构体变量或数组元素的指针变量，其右边必须是对应结构体数据的成员名。

【例 10.5】使用指向结构体变量的指针变量。

```
struct stu
{ int num;
  char *name;
  char sex;
  float score;
} boy1={102,"Zhang ping",'M',78.5},*pstu;
main()
{ pstu=&boy1;
  printf("Number=%d\nName=%s\n",boy1.num,boy1.name);
  printf("Sex=%c\nScore=%f\n\n",boy1.sex,boy1.score);
  printf("Number=%d\nName=%s\n", (*pstu).num, (*pstu).name);
  printf("Sex=%c\nScore=%f\n\n", (*pstu).sex, (*pstu).score);
  printf("Number=%d\nName=%s\n",pstu->num,pstu->name);
  printf("Sex=%c\nScore=%f\n\n",pstu->sex,pstu->score);
}
```

本例程序定义了一个结构 stu，定义了 stu 类型结构变量 boy1 并作了初始化赋值，还定义了一个指向 stu 类型结构的指针变量 pstu。在 main 函数中，pstu 被赋予 boy1 的地址，因此 pstu 指向 boy1。然后在 printf 语句内用三种形式输出 boy1 的各个成员值。从运行结果可以看出：

结构变量.成员名

(*结构指针变量).成员名

结构指针变量->成员名

这三种用于表示结构成员的形式是完全等效的。

要特别注意指向结构体数据的指针变量和指向结构体数据成员的指针变量的区别。前者的数据类型是某种结构体，它只能指向该结构体的变量或数组；而指向结构体数据成员的指针变量的数据类型要和所指向的成员的数据类型相同。一般情况下，指向结构体数据的指针变量和指向结构体数据的成员的指针变量是不能混用的。

C 语言规定，定义某个结构体时，其成员的类型可以是该结构体，但是这个成员只能是指针变量或指针数组，不能是普通变量或数组。

例如，下列程序段是正确的，其成员是结构体的指针变量：

```
struct exp
{ int i1;
   float f2;
   struct exp*el; /* 成员是指向 exp 结构体的指针变量，这是允许的 */
};
```

而下列程序段是错误的，其成员是结构体的变量：

```
struct exp
{ int i1;
   float f2;
   struct exp el; /*成员是 exp 结构体的变量，这是错误的*/
};
```

二、指向结构体数组的指针

定义指向结构体数组的指针变量和指向结构体变量的指针变量的定义方法完全相同。

当结构指针变量指向一个结构数组时，结构指针变量的值是整个结构数组的首地址。结构指针变量也可以指向结构数组的一个元素，这时结构指针变量的值是该结构数组元素的首地址。设 ps 为指向结构数组的指针变量，则 ps 也指向该结构数组的 0 号元素，ps+1 指向 1 号元素，ps+i 则指向 i 号元素。这与普通数组的情况是一致的。

1. 指针变量指向数组元素

如果一个结构体数组元素的地址已赋予相同结构体指针变量（即指针变量指向结构体数组元素），可以使用下列两种方式来引用数组该元素的成员，其作用完全相同。

方式 1：(*指针变量).成员名

方式 2：指针变量->成员名

注意：这里的指针变量必须是指向某个数组元素的。例如，它指向的数组元素为"数组名[k]"，则上述两种引用方式均代表"数组名[k].成员名"。

2. 指针变量指向数组首地址

当一个结构体数组的首地址已经赋予相同结构体的指针变量（即指针变量指向结构体数组），可以使用下列两种方式来引用下标为 i 的数组元素成员，其作用完全相同。

方式 1：(*(指针变量+i)).成员名

方式 2：(指针变量+i)->成员名

注意：这里的指针变量必须是指向某个数组首地址的，则上述两种引用方式均代表"数组名[i].成员名"

【例 10.6】用指针变量输出结构数组。

```
struct stu
  { int num;
    char *name;
    char sex;
    float score;
```

```
}boy[5]={{101,"Zhou ping",'M',45},{102,"Zhang ping",'M',62.5},
        {103,"Liou fang",'F',92.5},{104,"Cheng ling",'F',87},
        {105,"Wang ming",'M',58}};
main()
{ struct stu *ps;
  printf("No\tName\t\t\tSex\tScore\t\n");
  for(ps=boy;ps<boy+5;ps++)
  printf("%d\t%s\t\t%c\t%f\t\n",ps→num,ps→name,ps→sex,ps→score);
}
```

在程序中，定义了 stu 结构类型的外部数组 boy 并作了初始化赋值。在 main 函数内定义 ps 为指向 stu 类型的指针。在循环语句 for 的表达式 1 中，ps 被赋予 boy 的首地址，然后循环 5 次，输出 boy 数组中各成员值。应该注意的是，一个结构指针变量虽然可以用来访问结构变量或结构数组元素的成员，但是不能使它指向一个成员。也就是说，不允许取一个成员的地址来赋予它。因此，下面的赋值是错误的："ps=&boy[1].sex;"，而只能是 "ps=boy;"（赋予数组首地址），或者是 "ps=&boy[0];"（赋予 0 号元素首地址）。

三、指向结构体的指针作参数

【例 10.7】计算一组学生的平均成绩和不及格人数。

用结构指针变量作函数参数编程。

```
struct stu
{ int num;
  char *name;
  char sex;
  float score;}boy[5]={{101,"Li ping",'M',45},{102,"Zhang ping",'M', 62.5},
                    {103,"He fang",'F',92.5},{104,"Cheng ling",'F',87},
                    {105,"Wang ming",'M',58}};
main()
{ struct stu *ps;
  void ave(struct stu *ps);
  ps=boy;
  ave(ps);
}
void ave(struct stu *ps)
{ int c=0,i;
  float ave,s=0;
  for(i=0;i<5;i++,ps++)
    { s+=ps->score;
      if(ps->score<60) c+=1;
    }
  printf("s=%f\n",s);
```

```
    ave=s/5;
    printf("average=%f\ncount=%d\n",ave,c);
}
```

本程序中定义了函数 ave，其形参为结构指针变量 ps。boy 被定义为外部结构数组，因此在整个源程序中有效。在 main 函数中定义说明了结构指针变量 ps，并把 boy 的首地址赋予它，使 ps 指向 boy 数组。然后以 ps 作实参调用函数 ave。在函数 ave 中完成计算平均成绩和统计不及格人数的工作并输出结果。与例 10.3 程序相比，由于本程序全部采用指针变量做运算和处理，故速度更快，程序效率更高。

任务三 使用链表

任务要求

本任务要求掌握使用指针创建链表及对链表的操作。

任务实现

一、构建链表

链表是一种常见的重要数据结构。它是动态地进行存储分配的一种结构。在数组项目中，曾介绍过数组的长度是预先定义好的，在整个程序中固定不变。C 语言中不允许有动态数组类型，例如：

```
int n;
scanf("%d",&n);
int a[n];
```

用变量表示长度，想对数组的大小做动态说明，这是错误的。但是在实际的编程中，往往会发生这种情况，即所需的内存空间取决于实际输入的数据，而无法预先确定。对于这个问题，用数组的办法很难解决。比如，有的班级有 100 人而有的班级只有 30 人，如果要用一个数组先后存放不同班级的学生数据，则必须把数组定义得足够大，以便能存放任何班级的学生数据。显然这将会浪费内存。链表则没有这种缺点，它可以根据需要开辟存储空间。

为了能够使用链表解决上述问题，C 语言提供了一些内存管理函数，这些内存管理函数可以按需要动态地分配内存空间，也可以把不再使用的空间回收待用，为有效地利用内存资源提供了手段。常用的内存管理函数有以下三个：

1. 分配内存空间函数 malloc

调用形式：(类型说明符*) malloc (size);

功能：在内存的动态存储区中分配一块长度为"size"字节的连续区域。函数的返回值为该区域的首地址。

"类型说明符"表示把该区域用于何种数据类型。"(类型说明符*)"表示把返回值强制转换为该类型指针。"size"是一个无符号数。例如，"pc=(char *) malloc (100);"表示分配 100个字节的内存空间，并强制转换为字符数组类型，函数的返回值为指向该字符数组的指针，把该指针赋予指针变量 pc。

2. 分配内存空间函数 calloc

calloc 也用于分配内存空间。

调用形式：(类型说明符*)calloc(n,size);

功能：在内存动态存储区中分配 n 块长度为"size"字节的连续区域。函数的返回值为该区域的首地址。

"(类型说明符*)"用于强制类型转换。calloc 函数与 malloc 函数的区别仅在于 calloc 函数一次可以分配 n 块区域。例如，"ps=(struet stu*) calloc(2,sizeof (struct stu));"中的 sizeof(struct stu)是求 stu 的结构长度。因此该语句的意思是：按 stu 的长度分配两块连续区域，强制转换为 stu 类型，并把其首地址赋给指针变量 ps。

3. 释放内存空间函数 free

调用形式：free(void*ptr);

功能：释放 ptr 所指向的一块内存空间，ptr 是一个任意类型的指针变量，它指向被释放区域的首地址。被释放区应是由 malloc 或 calloc 函数所分配的区域。

下面使用上述函数创建一个简单的链表。

```
main()
{ struct stu
  { int num;
  char *name;
  char sex;
  float score;
} *ps;
ps=(struct stu*)malloc(sizeof(struct stu));
ps->num=102;
ps->name="Zhang ping";
ps->sex='M';
ps->score=62.5;
printf("Number=%d\nName=%s\n",ps->num,ps->name);
printf("Sex=%c\nScore=%f\n",ps->sex,ps->score);
free(ps);
}
```

本例中，定义了结构 stu 及 stu 类型指针变量 ps。然后分配一块 stu 大内存区，并把首地址赋给 ps，使 ps 指向该区域。再以 ps 为指向结构的指针变量对各成员赋值，并用 printf 输出各成员值。最后用 free 函数释放 ps 指向的内存空间。整个程序包含了申请内存空间、使用内存空间、释放内存空间三个步骤，实现了存储空间的动态分配。在上例中采用了动态分配的办法为一个结构分配内存空间。每一次分配一块空间，可用来存放一个学生的数据，称为一个结点。有多少个学生，就应该申请分配多少块内存空间，也就是说要建立多少个结点。当然，用结构数组也可以完成上述工作，但如果预先不能准确把握学生人数，也就无法确定数组大小。并且当学生留级、退学之后，也不能把该元素占用的空间从数组中释放出来。用动态存储的方法可以很好地解决这些问题。有一个学生，就分配一个结点，无须预先确定学生的准确人数。某学生退学，可以删去该结点，并释放该结点占用的存储空间，从而节约了宝贵的内存资源。另外，用数组的方法必须占用一块连续的内存区域。而使用动态分配时，每个结点之间可以是不连续的（结点内是连续的）。结点之间的联系可以用指针实现。即在结点结构中定义一个成员项，用来存放下一结点的首地址，这个用于存放地址的成员称为指针域。可在第一个结点的指针域内存入第二个结点的首地址，在第二个结点的指针域内存放第三个结点的首地址，如此串联下去，直到最后一个结点。最后一个结点因无后续结点连接，其指针域可赋为 0。这样一种连接方式，在数据结构中称为"链表"。

二、使用链表

【例 10.8】写一个函数，在链表中指定位置插入一个结点。若要在一个链表的指定位置插入结点，则要求链表本身必须是已按某种规律排好序的。例如，在学生数据链表中，要求按学号顺序插入一个结点。设被插结点的指针为 pi，后一结点的指针为 pb，前一结点的指针为 pf。可在以下四种不同情况下插入。

（1）原表是空表，只需使 head 指向被插结点即可。

（2）被插结点值最小，应插入第一结点之前。这种情况下使 head 指向被插结点，被插结点的指针域指向原来的第一结点即可。即

```
pi->next=pb;

head=pi;
```

（3）在其他位置插入。这种情况下使插入位置的前一结点的指针域指向被插结点，使被插结点的指针域指向插入位置的后一结点。即

```
pi->next=pb;

pf->next=pi;
```

（4）在表末插入。这种情况下使原表末结点指针域指向被插结点，被插结点指针域置为NULL。即

```
pf->next=pi;

pi->next=NULL;
```

以下为链表插入函数的实现。其中 TYPE 为定义好的结构体，head 为链表的头指针。

```
TYPE * insert(TYPE * head,TYPE *pi)
{ TYPE *pf,*pb;
  pb=head;
  if(head==NULL)          /*空表插入*/
    { head=pi;
      pi->next=NULL;
    }
  else { while((pi->num>pb->num)&&(pb->next!=NULL))
            { pf=pb;
```

```
                    pb=pb->next;              /*找插入位置*/
                }
            if(pi->num<=pb->num)
                { if(head==pb)head=pi;        /*在第一结点之前插入*/
                  else pf->next=pi;           /*在其他位置插入*/
                  pi->next=pb;
                }
            else{ pf->next=pi;
                  pi->next=NULL;              /*在表末插入*/
                }
        }
    return head;
}
```

本函数有两个形参均为指针变量，其中 head 指向链表，pi 指向被插结点。函数中首先判断链表是否为空，为空则使 head 指向被插结点。表若不空，则用 while 语句循环查找插入位置。找到之后再判断是否在第一结点之前插入，若是，则使 head 指向被插结点，而被插结点指针域指向原第一结点，否则在其他位置插入。若插入的结点大于表中所有结点，则在表末插入。本函数返回一个指针，是链表的头指针。当插入的位置在第一个结点之前时，插入的新结点成为链表的第一个结点，因此 head 的值也有了改变，故需要把这个指针返回主调函数。

任务四　使用共用体和枚举类型

任务要求

本任务要求掌握共用体类型的定义和使用及枚举类型的使用。

任务实现

一、使用共用体类型

共用体和结构体类似，也是一种由用户自己定义的数据类型，也可以由若干种数据类型组合而成。组成共用体数据的若干个数据也称为成员。和结构体不同的是，共用体数据中所有成员只占用相同的内存单元，设置这种数据类型的主要目的就是节省内存。

例如，在一个函数的三个不同的程序段中分别使用了字符型变量 c、整型变量 i、单精度型变量 f，可以把它们定义成一个共用体变量 u，u 中含有三个不同类型的成员。此时给三个成员分配四个内存单元，三个成员之间的对应关系如图 10-1 所示。

图 10-1　对应关系

由图 10-1 可知，u 变量的三个成员是不能同时使用的，因为修改其中任何一个成员的值，其他成员的值将随之改变。还可以看出，一个共用体变量所占用的内存单元数目等于占用单元数最多的那个成员的单元数目。对 u 变量来说，占用的内存单元数是其中成员 f 所占用的单元数，等于 4；而三个独立的变量所占用的内存单元数为 7，可省 3 个内存单元。

1. 共用体的说明

共用体的说明与结构体的说明十分相似。其形式为：

```
union 共用体名
{   数据类型  成员名；
     数据类型  成员名；
                ⋮
} 共用体变量名；
```

共用体表示几个变量共用一个内存位置，在不同的时间保存不同的数据类型和不同长度的变量。

下例说明了一个共用体 a_bc。

```
union a_bc
{  int i;
    char mm;
};
```

2. 定义共用体变量

类似于结构体变量的定义，用已说明的共用体类型可说明共用体变量。

例如用上面说明的共用体定义一个名为 lgc 的共用体变量，可写成：

```
        union a_bc lgc;
```

在共用体变量 lgc 中，整型量 i 和字符 mm 共用同一内存位置。

当一个共用体被说明时，编译程序自动产生一个变量，其长度为共用体中最大的变量长度。

3. 共用体成员的访问及其他使用方法

共用体访问其成员的方法同样类似于结构体。共用体变量也可以定义成数组或指针，定义为指针时，也要用"->"符号，此时共用体访问成员可表示成：

```
共用体名->成员名
```

另外，共用体可以出现在结构内，它的成员也可以是结构。

例如：

```
struct
{ int age;
  char *addr;
  union{ int i;
        char *ch;
```

```
                }x;
}y[10];
```

若要访问结构变量 y[1] 中共用体 x 的成员 i，可以写成：

`y[1].x.i;`

若要访问结构变量 y[2] 中共用体 x 的字符串指针 ch 的第一个字符，可以写成：

`*y[2].x.ch;`

若写成"y[2].x.*ch;"，则是错误的。

4. 结构体和共用体的区别

结构体和共用体有下列区别：

（1）结构体和共用体都是由多个不同的数据类型成员组成的，但在任何同一时刻，共用体中只存放了一个被选中的成员，而结构体的所有成员都存在。

（2）对于共用体的不同成员赋值，将会对其他成员重写，原来成员的值就不存在了，而对于结构体的不同成员赋值是互不影响的。

下面举一个例子来加深对共用体的理解。

【例 10.8】

```
main()
{  union                      /*定义一个共用体*/
   { int i;
    struct                    /*在共用体中定义一个结构*/
    { char first;
     char second;
    }half;
    }number;
  number.i=0x4241;           /*共用体成员赋值*/
  printf("%c%c\n", number.half.first, number.half.second);
  number.half.first='a';     /*共用体中结构成员赋值*/
  number.half.second='b';
  printf("%x\n", number.i);
  }
```

输出结果为：

```
AB
6261
```

从上例结果可以看出：当给 i 赋值后，其低八位是 first 的值，高八位是 second 的值；当给 first 和 second 赋字符后，这两个字符的 ASCII 码也将作为 i 的低八位和高八位。

二、使用枚举型

枚举是一个被命名的整型常数的集合，枚举在日常生活中很常见。

例如，表示星期的 SUNDAY，MONDAY，TUESDAY，WEDNESDAY，THURSDAY，FRIDAY，

SATURDAY，就是一个枚举。

枚举的说明与结构和共用体的相似，其形式为：

enum 枚举名{ 标识符[=整型常数]，标识符[=整型常数]，…，标识符[=整型常数]，
　　　　　 } 枚举变量；

如果枚举没有初始化，即省掉"=整型常数"时，则从第一个标识符开始，顺次赋给标识符0，1，2，…。但当枚举中的某个成员赋值后，其后的成员按依次加1的规则确定其值。

例如，下列枚举说明后，x1，x2，x3，x4 的值分别为0，1，2，3。

enum string{x1, x2, x3, x4}x;

当定义改变成：

enum string{ x1, x2=0, x3=50, x4, }x;

则

x1=0, x2=0, x3=50, x4=51

注意：

（1）枚举中每个成员（标识符）结束符是","，不是";"，最后一个成员可省略","。

（2）初始化时可以赋负数，以后的标识符仍依次加1。

（3）枚举变量只能取枚举说明结构中的某个标识符常量。

例如：

enum string{x1=5, x2, x3, x4 };

enum string x=x3;

此时，枚举变量 x 实际上是 7。

三、用户自定义类型

C 语言允许用户定义自己习惯的数据类型名称来替代系统默认的基本类型名称、数组类型名称、指针类型名称和用户自定义的结构体名称、共用体名称、枚举型名称等。一旦在程序中定义了用户自己的数据类型名称，就可以在该程序中用自己的数据类型名称来定义变量的类型、数组的类型、指针变量的类型、函数的类型等。

用户自定义类型名的方法是通过下列定义语句实现的：

格式，typedef　类型名 1 类型名 2；

其中，类型名 1 可以是基本类型名，也可以是数组、用户自定义的结构体、共用体等。类型名 2 是用户自选的一个标识符，作为新的类型名。

功能：将"类型名 1"定义成用户自选的"类型名 2"，此后可用"类型名 2"来定义相应类型的变量、数组、指针变量、结构体、共用体、函数的数据类型。

说明：为了突出用户自己的类型名，通常都选用大写字母来组成用户类型名。

例如，用下面语句定义整型数的新名字：

　typedef int SIGNED_INT;

使用说明后，SIGNED_INT 就成为 int 的同义词了，此时可以用 SIGNED_INT 定义整型变量。例如：

SIGNED_INT i, j; /*与int i, j等效*/

但 long SIGNED_INT i, j; 是非法的。

typedef 同样可以用来说明结构、共用体及枚举。

说明一个结构的格式为：

```
typedef struct{
        数据类型　成员名;
        数据类型　成员名;
           ...
    } 结构名;
```

此时可以直接用结构名定义结构变量了。例如：

```
typedef struct{
        char name[8];
        int class;
        char subclass[6];
        float math, phys, chem, engl, biol;
    } student;
 student Liuqi;
```

则 Liuqi 被定义为 student 结构体类型的变量。

项 目 小 结

（1）结构体和共用体是两种构造类型数据，是用户定义新数据类型的重要手段。结构体和共用体有很多相似之处：它们都由成员组成，成员可以具有不同的数据类型，成员的表示方法相同，都可以用三种方式作变量说明。

（2）在结构体中，各成员都占用自己的内存空间，它们是同时存在的。一个结构体变量的总长度等于所有成员长度之和。在共用体中，所有成员不能同时占用它的内存空间，它们不能同时存在。共用体变量的长度等于最长的成员的长度。

（3）"."是成员运算符，可以用它表示成员项，成员还可用 "->" 运算符来表示。

（4）结构体变量可以作为函数参数，函数也可以返回指向结构体的指针变量。而共用体变量不能作为函数参数，函数也不能返回指向共用体的指针变量，但可以使用指向共用体变量的指针，也可以使用共用体数组。

（5）结构体定义允许嵌套，结构中也可以用共用体作为成员，形成结构和共用体的嵌套。

（6）链表是一种重要的数据结构，它便于实现动态的存储分配。本项目介绍的是单向链表，还可以组成双向链表、循环链表等。

（7）共用体和枚举型的定义和使用与结构体的类似，可以类比学习。

项目学习评价

序号	评价内容	评价要素	自我评价	教师评价	反思：学习过程中目标的完成情况如何？遇到了哪些困难？采取了什么样的解决方式？
1	学习态度	主动学习知识内容			
		独立完成工作任务			
		积极探索拓展内容			
2	基础知识	掌握结构体类型的定义及结构体变量的定义			
		掌握共同体类型的定义			
		掌握枚举的定义及使用方法			
		知道结构体变量和共用体变量的联系与区别			
3	基本技能	能够操作结构体变量的引用与初始化			
		能够使用指针对结构体变量、结构体数组进行操作			
		能够使用指针创建链表及对链表进行操作			
4	拓展应用	独立编写一个实现复数乘法运算的程序，调试运行此程序并写出程序的运行结果			

注：评价档次采用 A（优秀）、B（良好）、C（合格）、D（不合格）四个水平。

习题与实训 <<<

一、单项选择题

1. 设有定义语句 `struct {int x ;`
   　　　　　　　　`int y;`
   　　　　　　　　`}d[2]={{1,3},{2,7}};`

则 `printf ("%d\n",d[0].y/d[o].x*d[1].x);`的输出是（　　）。

A. 0　　　　　　　　B. 1　　　　　　　　C. 3　　　　　　　　D. 6

2. 设有如下定义，则对 data 中的 a 成员的正确引用是（　　）。

```
struct sk{int a;
        float b;
        }data,*p=&data;
```

A. (*p).data.a　　　　B. (*p).a　　　　C. p->data.a　　　　D. p.data.a

3. 以下对枚举类型名称的定义中，正确的是（　　）

A. `enum a={one,two,three};`

B. `enum a {a1,a2,a3} ;`

C. `enum a={'1','2','3'};`

D. `enum a {"one", "two", "three"};`

4. 若有如下定义，则 `printf ("%d\n", sizeof(them));`的输出是（　　）。

```
typedef union {long x[2];int y[4];char z[8];}MYTYPE;
MYTYPE them;
```

A. 32　　　　　　　B. 16　　　　　　　C. 8　　　　　　　D. 24

注：sizeof(them)函数的功能是测量变量所占的内存空间的大小。

二、编程题

1. 编写一个程序，输入 10 个职工的编号、姓名、基本工资、职务工资，求出其中"基本工资＋职务工资"最少的职工姓名并输出。

2. 编写一个程序，输入 10 个学生的学号、姓名、3 门课程的成绩，求出总分最高的学生姓名并输出。

三、实训题

1. 实训要求

（1）掌握结构体的定义及结构变量的声明方法。

（2）掌握结构体成员的引用方法。

2. 实训内容

（1）录入以下程序。

```
struct complex
{float re;
 float ie;
};
```

```
main()
{struct complex x,y;
 struct complex m;
 struct complex compm();
 scanf("%f,%f",&x.re,&x.ie);
 scanf("%f,%f",&y.re,&y.ie);
 m=compm(x,y);
 printf("%f+%fi\n",m.re,m.ie);
}
struct complex compm(struct complex  xx, struct complex  xy)
 { struct complex t;
   t.re=xx.re*xy.re-xx.ie*xy.ie;
   t.ie=xx.re*xy.ie+xx.ie*xy.re;
   return(t);
 }
```

（2）上面是实现复数乘法运算的程序，调试并运行此程序，并写出程序运行结果。

（3）给程序的输入部分加上输入提示。

3. 分析与总结

（1）如果不使用结构体，此程序可以怎样编写？试编写并比较。

（2）此程序中的结构体是否可以改为共用体？

项目十一　使用位运算

C 语言提供的位运算，如设置或屏蔽内存中某字节的一个二进制位，可使编程人员方便地编写出各种控制程序、通信程序及设备驱动程序等。这使得 C 语言也能像汇编语言一样用来编写系统程序，发挥其优越性。这些说明 C 语言既具有高级语言的特点，又具有低级语言的功能。所谓位运算，是指二进制位进行的运算。

【本项目内容】

- 位逻辑运算
- 移位运算
- 位段的概念与定义

【知识教学目标】

- 理解位运算的概念，掌握位运算的运算规则
- 掌握移位运算的运算规则
- 理解位段的运算

【技能培养目标】

- 用位逻辑运算处理数据，判定数位
- 用移位运算对数据进行处理，截取指定数位
- 掌握位段运算

任务　使用位运算

任务要求

本任务要求掌握计算机中二进制的位运算。

相关知识

数值在计算机中的表示

1. 二进制位及编号

计算机系统的内存储器是由许多称为字节的单元组成的，1 个字节由 8 个二进制位（bit）构成，每位的取值为 0 或 1。最右端的 1 位称为"最低位"，编号为 0；最左端的 1 位称为"最高位"，并且从最低位到最高位顺序编号。如字符型数据的二进制位由低到高依次编号为 0～7。

2. 原码

数值的原码是指将最高位用作符号位（0 表示正数，1 表示负数），其余各位代表数值本身的绝对值（以二进制形式表示）的表示形式。

例如，+5 的原码是 00000101，符号位用 0 表示；–5 的原码是 10000101，符号位用 1 表示。

3. 反码

数值的反码表示分正负数两种情况。

（1）正数的反码与原码相同。

例如，+5 的原码是 00000101，其反码也是 00000101。

（2）负数的反码等于其绝对值各位求反。即符号位为 1，其余各位为该数绝对值的原码按位取反。

例如，–5 的反码是将–5 的绝对值（+5）的原码各位求反。因此，–5 的反码为 11111010。

4. 补码

数值的补码表示也分正负数两种情况。

（1）正数的补码：与原码相同。

例如，+5 的补码是 00000101。

（2）负数的补码：符号位为 1，其余位为该数绝对值的原码按位取反，然后整个数加 1。即取该负数的反码，然后在最低位加 1。

例如，–9 的补码就等于–9 的反码加上 1（在最低位）。如下列算式所示。

```
    1 1 1 1 0 1 1 0    （–9 的反码）
  +)            1
  ─────────────────
    1 1 1 1 0 1 1 1    （–9 的补码）
```

因此，–9 的补码为 11110111。

反之，如果已知一个数的补码，则求原码的操作规律如下。

（1）如果补码的符号位为"0"，表示是一个正数，所以补码就是该数的原码。

（2）如果补码的符号位为"1"，表示是一个负数，求原码的操作规律是：符号位不变，其余各位取反，然后在最低位加 1。

例如，已知一个补码为 11111001，则按上述计算规律可求得原码为 10000111（–7）。请读者自己计算。

5. 数值在计算机中的表示

一个数可以有原码、反码和补码三种不同的表示形式。但在计算机系统中，一律用补码形式存储。因为使用补码可以将符号位和其他位统一处理；同时，减法可按加法来处理。另外，两个用补码表示的数相加时，如果最高位（符号位）有进位，则进位被舍掉。

任务实现

一、位运算

C 语言提供了表 11–1 所列的 6 种位运算符。

表 11-1　位运算符

运算符	名　　称	使用格式
&	按位与	x&y
|	按位或	x|y
^	按位异或	x^y
~	按位取反	~x
<<	按位左移	x<<位数
>>	按位右移	x>>位数

说明：

（1）表中的 x、y 和"位数"等操作数，都只能是整型或字符型数据。除按位取反为单目运算符外，其余均为双目运算符。

（2）参与运算时，操作数 x 和 y 都必须先转换成二进制形式，然后再执行相应的按位运算。

按位逻辑运算规则见表 11-2，其中，a 和 b 均表示数据的二进制位。

表 11-2　按位逻辑运算规则

a	b	~a	a&b	a^b	a|b
0	0	1	0	0	0
0	1	1	0	1	1
1	0	0	0	1	1
1	1	0	1	0	1

1. 按位取反运算

取反运算符"~"为单目运算符，具有右结合性。其功能是对参与运算的数的各二进制位按位取反，即 1 变 0，0 变 1。例如，若 a=9，则对 a 按位取反的算式如下：

$$a = \underline{0\ 0\ 0\ 0\ 1\ 0\ 0\ 1}$$
$$\sim a = 1\ 1\ 1\ 1\ 0\ 1\ 1\ 0$$

2. 按位与运算

按位与运算符"&"是双目运算符。其功能是参与运算的两数各对应的二进制位进行"与"运算。只有对应的两个二进制位均为 1 时，结果位才为 1，否则为 0。即"两 1 为 1，其余为 0"，参与运算的数以补码方式出现。

例如，9&5 可写算式如下：

$$\begin{array}{ll} a = 0\ 0\ 0\ 0\ 1\ 0\ 0\ 1 & （9 的二进制补码） \\ \&\quad b = \underline{0\ 0\ 0\ 0\ 0\ 1\ 0\ 1} & （5 的二进制补码） \\ 结果 = 0\ 0\ 0\ 0\ 0\ 0\ 0\ 1 & （1 的二进制补码） \end{array}$$

即 9&5=1。

按位与运算通常用来取（或保留）一个数的某些位，其余各位置 0。

【例 11.1】按位与运算示例。

```
main( )
{    int a=9,b=5,c;
     c=a&b;
     printf("a=%d\tb=%d\tc=%d\n",a,b,c);
}
```

程序运行结果：

a=9   b=5   c=1

3. 按位或运算

按位或运算符"|"是双目运算符。其功能是参与运算的两数各对应的二进制位进行"或"运算。只要对应的两个二进制位有一个为1，结果位就为1。参与运算的两个数均以补码形式出现。

例如，9|5可以写成算式如下：

$$
\begin{array}{r}
a= 0\ 0\ 0\ 0\ 1\ 0\ 0\ 1 \\
|\quad b= 0\ 0\ 0\ 0\ 0\ 1\ 0\ 1 \\
\hline
结果= 0\ 0\ 0\ 0\ 1\ 1\ 0\ 1 \quad（十进制为13）
\end{array}
$$

即9|5=13。

按位或运算通常用来将一个数的某些位置1，其余各位不变。

【例11.2】按位或运算示例。

```
main( )
{    int a=9,b=5,c;
     c=a|b;
     printf("a=%d\tb=%d\tc=%d\n",a,b,c);
}
```

程序运行结果：

a=9   b=5   c=13

4. 按位异或运算

按位异或运算符"^"是双目运算符。其功能是参与运算的两数各对应的二进制位进行"异或"运算。当两个对应的二进制位相异时，结果为1。参与运算的两个数仍以补码形式出现。

例如，9^5可以写成算式如下：

$$
\begin{array}{r}
a= 0\ 0\ 0\ 0\ 1\ 0\ 0\ 1 \\
^\wedge\quad b= 0\ 0\ 0\ 0\ 0\ 1\ 0\ 1 \\
\hline
结果= 0\ 0\ 0\ 0\ 1\ 1\ 0\ 0 \quad（十进制为12）
\end{array}
$$

即9^5=12。

按位异或运算通常用来使一个数的某（些）位翻转（即原来为1的位变为0，为0的变为1），其余各位不变。

【例11.3】按位异或运算示例。

```
main( )
{    int a=9,b=5;
```

```
    a=a^b;
    printf("a^b=%d\n",a);
}
```

程序运行结果：

a^b=12。

5. 左移运算

左移运算符"<<"是双目运算符。其功能是把"<<"左边的运算数的各二进制位全部左移若干位，由"<<"右边的数指定移动的位数。其中，移位过程中，高位丢弃，低位补0。

例如，a<<3 是指把 a 的各二进制位向左移动 3 位。

如果 a=00000101（十进制 5），左移 3 位后为 00110000（十进制 40）。即 a<<3=40。

a<<3 的算式如下：

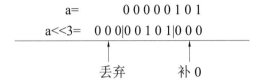

6. 右移运算

右移运算符">>"是双目运算符。其功能是把">>"左边的运算数的各二进制位全部右移若干位，">>"右边的数指定移动的位数。

例如，取 a=15，a>>2 表示把 000001111 右移 2 位，为 00000011（十进制 3）。

注意：对于有符号数，右移时，符号位将随同移动。当为正数时，最高位补 0，而为负数时，符号位为 1，最高位是补 0 或是补 1 取决于编译系统的规定。Turbo C 和很多系统规定为补 1。

【例 11.4】右移运算示例。

```
main( )
{   unsigned a,b;
    printf("input a number:");
    scanf("%d",&a);
    b=a>>5;
    printf("a=%d\tb=%d\n",a,b);
}
```

程序运行情况：

input a number:100✓

a=100   b=3

说明：

（1）复合赋值运算符除按位取反运算外，其余 5 个位运算符均可以与赋值运算符一起，构成复合赋值运算符：&=，|+，^=，<<=，>>=。

（2）不同长度数据间的位运算，按低字节对齐，位数少的数据按其最高位补位，使进行位运算的数据长度相同。

① 对无符号数和有符号中的正数补 0。

② 有符号数中的负数补 1。

二、使用位运算

【例 11.5】从键盘上输入一个正整数给 int 变量 num，输出由 8～11 位构成的数。

基本思路：

（1）使变量 num 右移 8 位，将第 8～11 位移到低 4 位上。

（2）构造 1 个低 4 位为 1，其余各位为 0 的整数。

（3）与 num 进行按位与运算。

```c
main()
{int num,mask;
 printf("Input a integer number:");
 scanf("%d",&num);
 num>>=8;                  /*右移 8 位，将第 8～11 位移到低 4 位上*/
 mask=~(~0<<4);            /*间接构造 1 个低 4 位为 1，其余各位为 0 的整数*/
 printf("result=0x%x\n",num& mask);
}
```

程序运行情况：

```
Input a integer number:1000↙
result=0x3
```

程序说明：~(~0<<4)是先按位取 0 的反，为全 1；左移 4 位后，其低 4 位为 0，其余各位为 1；再按位取反，则其低 4 位为 1，其余各位为 0，这个整数正是所需的。

【例 11.6】从键盘上输入一个正整数给 int 变量 num，按二进制位输出该数。

```c
#unclude  "stdio.h"
main()
  {int num ,mask,i;
    printf("Input a integer number:");
    scanf("%d",&num);
    mask=1<<15;          /*构造 1 个最高位为 1，其余各位为 0 的整数（屏蔽字）*/
    printf("%d=",num);
    for(i=1;i<=16;i++)
      {putchar(num&mask?'1':'0');    /*输出最高位的值（1/0）*/
        num<<=1;                      /*将次高位移到最高位上*/
        if(i%4==0) putchar(',')      /*四位一组，用逗号分开*/
      }
    printf("\bB\n");
  }
```

程序运行情况：

```
Input a integer number:1000↙
```

234 ……

1000=0000,0011,1110,1000b

程序说明："printf("\bB\n");"中的"\b"是一个回退转义字符，用在此处的目的是通过回退，利用字符"B"覆盖掉最后一个逗号。"B"是采用后缀表示法时二进制数的后缀（八进制为"O"，十六进制为"H"）。

项 目 小 结

（1）数值有原码、反码和补码三种表示形式，在计算机中的存储使用补码形式。正数的补码与原码相同；负数的补码是：符号位为 1，其余位为该数绝对值的原码按位取反，然后整个数加 1。

（2）已知一个数的补码，求原码的操作如下：

① 如果补码的符号位为"0"，表示是一个正数，所以补码就是该数的原码。

② 如果补码的符号位为"1"，表示是一个负数，求原码的操作可以是：符号位不变，其余各位取反，然后再整个数加 1。

（3）位运算。

① 实现按位与（保留某位）、按位或（某位置 1）和按位异或（某位翻转）主要功能时的方法概括为：先构造一个整数（相应位为 1，其余位为 0），再进行相应的按位操作（与、或、异或）。利用按位取反（～0）和移位（左移或右移）操作，间接地构造一个数，可以增强程序的可移植性。

② 在不溢出的情况下，$x<<n$ 和 $x>>n$ 的结果分别等于 $x*2^n$、$x/(2^n)$。

③ 除按位取反外，其余 5 个位运算符都可以与赋值运算符结合在一起，构成复合赋值运算符。

项目学习评价

序号	评价内容	评价要素	自我评价	教师评价	反思：学习过程中目标的完成情况如何？遇到了哪些困难？采取了什么样的解决方式？
1	学习态度	主动学习知识内容			
		独立完成工作任务			
		积极探索拓展内容			
2	基础知识	理解位运算的概念及其运算规则			
		掌握移位运算的运算规则			
		理解位段运算的方法			
3	基本技能	用位逻辑运算处理数据，判定数位			
		用移位运算处理数据，截取指定数位			
		掌握位段运算的方法			
4	拓展应用	独立使用位运算编写程序并调试，对运行结果进行分析			

注：评价档次采用 A（优秀）、B（良好）、C（合格）、D（不合格）四个水平。

习题与实训 <<<

一、单项选择题

1. 以下程序的输出结果是（　　）。

A. 100　　　　　　　B. 160　　　　　　　C. 120　　　　　　　D. 64

```
main()
{
    char   x=040;
    printf("%d\n", x=x<<1);
}
```

2. 以下程序中 c 的二进制值是（　　）。

A. 00011011　　　B. 00010100　　　C. 00011100　　　D. 00011000

```
char   a=3, b=6, c;
c=a^b<<2;
```

3. 以下程序的输出结果是（　　）。

A. 0　　　　　　　B. 1　　　　　　　C. 2　　　　　　　D.3

```
main()
{   int   x=35;  char   z='A';
    printf("%d\n", (x&15)&&(z<'a') );
}
```

4. 以下程序的输出结果是（　　）。

A. 0　　　　　　　B. 1　　　　　　　C. 2　　　　　　　D. 3

```
main()
{   int   a=5, b=6, c=7, d=8, m=2, n=2;
    ptintf("%d\n", (m=a>b)&(n=c>d) );
}
```

二、填空题

1. 设变量 a 的二进制数是 00101101，若想通过运算 a^b 使 a 的高 4 位取反，低 4 位不变，则 b 的二进制数应是_____。

2. a 为任意整数，能将变量 a 清零的表达式是_____。

3. a 为任意整数，能将变量 a 中的各二进制位均置成 1 的表达式是_____。

4. 能将两字节变量 x 的高 8 位置全 1，低字节保持不变的表达式是_____。

5. 运用位运算，能将八进制数 012500 除以 4，然后赋给变量 a 的表达式是_____。

6. 运用位运算，能将变量 ch 中的大写字母转换成小写字母的表达式是_____。

7. 写出实现下列功能的表达式（操作数 x 为 int 型数据）。

（1）取 x 的低字节，高字节置 0。_____

（2）保留 x 的第 3 位，其余各位置 0。_____

（3）将 x 的高 8 位均置为 1，其余各位不变。_____

（4）将 x 的最低位翻转，其余各位不变。_____

三、编程题

1. 计算 5<<3 和 5>>4 的值。

2. 编写一个程序，检查所使用的 C 编译系统是逻辑右移还是算术右移。如果是逻辑右移，编写一个函数实现算术右移；如果是算术右移，则写一个函数实现逻辑右移。

四、实训题

1. 实训目的

（1）掌握按位运算的方法，学会使用位运算符。

（2）学会通过使用位运算符实现某些针对位的操作。

2. 实训内容

（1）编程设计一个函数，求任意整数 x 的补码。具体要求如下：

① 对于正整数，它的补码为它的本身。

② 从键盘输入，并将 x 和计算机结果用十进制和十六进制两种格式输出。

③ 以 1050，−224 为输入数据，调试程序，并记录其运行结果。

（2）输入两个正整数并存入 a 和 b 中，并由 a 和 b 两个数生成新的数 c，具体要求如下：

① 将 a 的低位字节作为 c 的高位字节，将 b 的高位字节作为 c 的低位字节。

② 数据 a 和 b 从键盘输入，用十进制和十六进制输出 a、b、c 的值。

③ 以（10，20）和（20，10）作为输入数据，调试程序，并记录结果。

3. 分析与总结

（1）对各题运行结果进行分析。如果程序未能调试通过，应分析出原因。

（2）总结各题的编程思路，谈谈本次实验的收获与经验。

项目十二 操作文件

文件是 C 语言程序设计中的一个重要概念，在程序运行时，程序本身和数据一般都存放在内存中。当程序运行结束后，存放在内存中的数据（包括运行结果）就被释放。如果需要长期保存程序运行所需的原始数据或程序运行产生的结果，就必须以"文件"形式存储到外部存储介质上。本项目主要介绍文件的有关概念与存储。

【本项目内容】
- 文件概述
- 文件的打开与关闭
- 文件的读写操作

【知识教学目标】
- 文件概念
- 文件的使用、打开与关闭
- 文件的读写与定位

【技能培养目标】
- 掌握文件的存取与操作
- 能够对文件实现存取

任务一 打开和关闭文件

任务要求

本任务要求掌握文件的概念及文件的打开和关闭方法。

相关知识

1. 文件的分类

文件可以从不同的角度进行分类：

（1）根据文件的内容来分，可以分为源程序文件、目标文件、可执行文件和数据文件等。

（2）根据文件的组织形式来分，可以分为顺序存取文件和随机存取文件。

（3）根据文件的存储形式来分，可以分为 ASCII 码文件（又称文本文件）和二进制文件。

文本文件的每一个字节存储一个 ASCII 码（代表 1 个字符）。二进制文件是把内存中的数据原样输出到磁盘文件中。

有一个整数 100，如果按二进制形式存储，两个字节就够用；如果按 ASCII 码形式存储，由于每位数字都占用 1 个字节，所以共需要 3 字节空间，如图 12-1 所示。

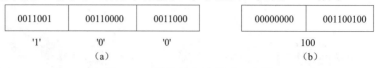

图 12-1　数值的存储形式示意图

（a）ASCII 码存储形式；（b）二进制存储形式

用 ASCII 码形式存储，1 个字节存储 1 个字符，因而便于对字符进行逐个处理，但一般占用存储空间较多，并且要花费转换时间（二进制与 ASCII 码之间的转换）。

用二进制形式存储，可以节省存储空间和转换时间，但 1 个字节并不对应 1 个字符，不能直接输出字符形式。

2. 读文件与写文件

所谓读文件，是指将磁盘文件中的数据传送到计算机内存的操作。

所谓写文件，是指从计算机内存向磁盘文件中传送数据的操作。如图 12-2 所示。

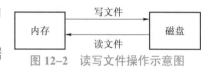

图 12-2　读写文件操作示意图

3. 文件类型

系统给每个打开的文件都在内存中开辟一个区域，用于存放文件的有关信息（如文件名、文件位置等）。这些信息保存在一个结构类型变量中，该结构类型由系统定义，取名为 FILE（注意，"FILE" 必须大写），并放在<stdio.h>头文件中。

有了 FILE 类型之后，就可以定义一个指向 FILE 类型的指针变量，并通过该指针访问文件。文件类型指针的定义格式为：

```
FILE *文件类型指针变量名;
```

例如：

```
FILE  *fp, *fp1,*fp2;
```

4. 缓冲文件系统（标准 I/O）

所谓缓冲文件系统，是指系统自动地在内存区为每个正在使用的文件开辟一个缓冲区。

从磁盘文件向内存读入数据时，首先将一批数据读入文件缓冲区中，再从文件缓冲区将数据逐个送到程序数据区。如图 12-3 所示。

从内存向磁盘输出数据时，则正好相反，必须先将一批数据输出到缓冲区中，待缓冲区装满后，再一起输出到磁盘文件中。如图 12-4 所示。

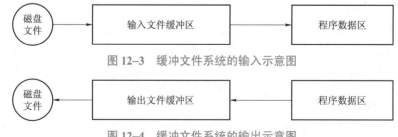

图 12-3　缓冲文件系统的输入示意图

图 12-4　缓冲文件系统的输出示意图

一、打开文件

与其他高级语言一样，对文件进行操作之前，必须先打开文件；使用结束后，为避免数据丢失，应立即关闭该文件。

所谓打开文件，是指用一个文件指针变量指向被打开文件的结构变量，以便通过指针变量访问打开文件。

所谓关闭文件，是指把（输出）缓冲区的数据输出到磁盘文件中，同时释放文件指针变量（即使文件指针变量不再指向该文件）。此后，不能再通过该指针变量来访问该文件，除非重新打开。

C 语言规定了标准的输入/输出函数库，用 fopen()函数打开一个文件，用 fclose()函数关闭一个文件。

1. 格式

```
fopen("文件名","操作方式");
```

（1）文件名是指要打开（或创建）的文件名。如果使用字符数组（或字符指针），则不使用双引号。

（2）操作方式见表 12–1。

表 12–1　文件"操作方式"一览表

ASCII 码文件的打开方式	二进制文件的打开方式	含　义	备　注
r	rb	只读（为输入）	文件已经存在
w	wb	只写（为输出）	有则删，无则建
a	ab	向文件尾追加数据	文件已经存在
r+ / a+	rb+ / ab+	读/写一个已存在的文件	文件已经存在
w+	wb+	为读/写创建一个新文件	有则删，无则建

例如：

```
FILE *fp;
fp=fopen("file1", "r");
```

表示以"只读"方式打开数据文件"file1"，并将其指针赋给指针变量 fp。

2. 功能

返回一个指向指定文件的指针。

3. 说明

（1）如果不能实现打开指定文件的操作，则 fopen()函数返回一个空指针 NULL（其值在头文件 stdio.h 中被定为 0）。

常用下面的方法打开一个文件：

```
if((p=fopen("文件名", "操作方式"))==NULL)
```

```
      {printf("can not open this file\n");
       exit(0);     /*关闭打开的所有文件，程序结束运行,返回操作系统*/
   }
```

其中，exit()是一个函数，使用格式为 void exit([程序状态值]);，作用是关闭已打开的所有文件，结束程序运行并返回操作传统。同时，将"程序状态值"返回给操作系统。当"程序状态值"为 0 时，表示程序正常退出；非 0 值时，表示程序是出错后退出的。

（2）"r(b)+"与"a(b)+"的区别：使用前者打开文件时，读写指针指向文件头；使用后者时，读写指针指向文件尾。

（3）使用文本文件向计算机系统输入数据时，系统自动将回车换行符转换成一个换行符；在输出时，将换行符转换成回车和换行两个字符。

使用二进制文件时，内存中的数据形式与数据文件中的形式完全一样，不再进行转换。

（4）有些 C 语言编译系统可能并不完全提供上述对文件的操作方式，或采用的表示符号不同，需注意所使用系统的规定。

例如，有的系统只能用"r""w"和"a"方式；有的系统不用"r+""w+"和"a+"，而用"rw""wr"和"ar"表示。

（5）在程序开始运行时，系统自动打开三个标准文件，并分别定义了文件指针。

① 标准输入文件 stdin：指向终端输入（一般为键盘）。如果程序中指定要从 stdin 所指的文件输入数据，就是从终端键盘上输入数据。

② 标准输出文件 stdout：指向终端输出（一般为显示器）。

③ 标准错误文件 stderr：指向终端标准错误输出（一般为显示器）。

二、关闭文件

在使用完一个文件后，为防止被误用或数据丢失，应该及时关闭。

1. 格式

$$fclose(文件指针);$$

2. 功能

关闭文件指针所指向的文件。如果正常关闭了文件，则函数返回值为 0；否则，返回值为非 0。

例如：

```
     fclose(fp);              /*关闭 fp 所指向的文件*/
```

任务二　读 写 文 件

任务要求

本任务要求掌握读写文件的方法。

任务实现

一、字符读写函数

文件打开之后，就可以对它进行读与写的操作了。

1. 将一个字符写到文件中——fputc()函数

【例 12.1】将键盘上输入的一个字符串（以"@"作为结束字符），以 ASCII 码形式存储到一个磁盘文件中。

```c
#include "stdio.h"
main(int argc,char*argv[])
  {FILE *fp;
   char ch;
   if(argc!=2)                          /*参数个数不对*/
      { printf("the number of arguments not correct\n\n");
        printf("Usage: 可执行文件名  filename\n");
        exit(0);
      }
    if ((fp=fopen(argv[1],"w"))==NULL)       /*打开文件失败*/
     { printf("can not open this file\n");
       exit(0);
     }
    for(; (ch=getchar())!='@'; )fputc(ch,fp);/*输入字符并存储到文件中*/
    fclose(fp);                          /*关闭文件*/
  }
```

程序运行准备：VC6.0 环境下，单击"工程"→"设置"，在"调试"选项卡的"程序变量"下的文本框中输入文件名"temp.txt"，如图 12-5 所示。然后单击"确定"按钮，再单击 ! 按钮运行程序。程序运行时，输入一串字符并以@结束。

程序运行情况：

```
abcdefg1234567@↙
```

图 12-5　文件名的输入

注意：只要符合文件命名规则，读者完全可以根据自己的习惯或爱好给文件另外命名。

程序说明：

```
for(; (ch=getchar())!='@';) fputc(ch,fp);
```

1）for 语句的循环条件表达式

在 for 语句的循环条件表达式中，集成了对字符的输入（getchar()）、赋值（ch=getchar()）和判断（(ch=getchar())!='@'），使程序高度简洁，这正是 C 语言将赋值操作作为运算（可构成表达式）来处理的优越性。

2）for 语句循环体中的库函数 fputc()

（1）用法：int fputc(字符数据，文件指针);

其中，字符数据既可以是字符常量，也可以是字符变量。

（2）功能：将字符数据输出到文件指针所指向的文件中去，同时，将读写位置指针向前移动 1 个字节（即指向下一个写入位置）。

如果输出成功，则函数返回值就是输出的字符数据；否则，返回一个符号常量 EOF（其值在头文件 stdio.h 中，被定义为 –1）。

例如：

```
fputc(ch,fp);          /*将在 ch 存储的字符输出到 fp 所指向的文件中*/
```

2. 从文件中读入一个字符——fgetc()函数和 feof()函数

【例 12.2】顺序显示例 12.1 创建的 ASCII 码文件。

```
#include "stdio.h"
main(int argc,char*argv[])
  { FILE *fp;
   char ch;
   if(argc!=2)                          /*参数个数不对*/
      {printf("the number of arguments not correct\n");
       printf("\n Usage: 可执行文件名  source file");
       exit(0);
      }
   if ((fp=fopen(argv[1],"r"))==NULL)          /*打开源文件失败*/
      {printf("can not open source file\n");
       exit(0);
      }
   /*顺序输出文件的内容*/
   for (; (ch=fgetc(fp))!=EOF; ) putchar(ch); /*顺序读入并显示*/
   fclose(fp);                              /*关闭打开的文件*/
   printf ("\n") ;
  }
```

程序运行准备：首先把例 12.1 已经创建好的 temp.txt 文件复制到例 12.2 所创建的工程目录下，然后单击"工程"→"设置"，在"调试"选项卡的"程序变量"下的文本框中输入文件名"temp.txt"。然后单击"确定"按钮，再单击!按钮运行程序。

程序运行结果为：

    abcdefg1234567

程序说明：for(;(ch=fgetc(fp))!=EOF;)putchar(ch);

1）循环语句中的库函数 fgetc()

（1）用法：int fgetc(文件指针);

（2）功能：从文件指针所指向的文件中读入一个字符，同时将读写位置指针向前移动 1 个字节（即指向下一个字符）。该函数无出错返回值。

例如，fgetc(fp)表达式从文件 fp 中读一个字符，同时，将 fp 的读写位置指针向前移动到下一个字符。

2）关于符号常量 EOF

在对 ASCII 码文件执行读入操作时，如果遇到文件尾，则读操作函数返回一个文件结束标志 EOF（其值在头文件 stdio.h 中被定义为–1）。在本案例中，通过判断读入的字符是否等于符号常量 EOF，来决定循环是否继续。

在对二进制文件执行读入操作时，必须使用库函数 feof()来判断是否遇到尾文件。关于库函数 feof()的介绍，请参见例 12.3 的程序说明。

【例 12.3】实现制作 ASCII 码文件副本的功能。

```
#include"stdio.h"
main(int argc,char*argv[])
{FILE *input,*output;           /*input: 源文件指针, output: 目标文件指针*/
  char ch;
  if(argc!=3)                   /*参数个数不对*/
     {printf ("the number of arguments not correct\n");
      printf("\n Usage 可执行文件名   源文件名   目标文件名");
      return;
     }
  if((input=fopen(argv[1],"r"))==NULL)      /*打开源文件失败*/
   { printf("can not open source file\n");
    return;
   }
  if((output=fopen(argv[2],"w"))==NULL)      /*创建目标文件失败*/
   {printf("can not create destination file\n")
    return;
   }
  /*复制源文件到目标文件中去*/
  for( ;(!feof(input)); )
      fputc(fgetc(input),output);
  fclose(input);
  fclose(output);               /*关闭源文件和目标文件*/
}
```

程序运行准备：首先确保当前工程目录下存在源文件，此处以例 12.1 已经创建好的 temp.txt 文件为例，然后单击"工程"→"设置"，在"调试"选项卡的"程序变量"下的文本框中输入两个文件名，分别为源文件名和目标文件名："temp.txt temp2.txt"（两个文件名用空格隔开）。然后单击"确定"按钮，再单击 ! 按钮运行程序。程序运行成功后，可以在当前工程目录下查看到内容与 temp.txt 完全相同的目标文件 temp2.txt。

程序说明：for(; (!feof(input));)fputc(fgetc(input),output);

1）循环条件表达式中的库函数 feof()

（1）用法：int feof(文件指针);

（2）功能：在执行读文件操作时，如果遇到文件尾，则函数返回逻辑真（1）；否则，返回逻辑假（0）。feof()函数同时适用于 ASCII 码文件和二进制文件。

例如，!feof(input)表示源文件（用于输入）未结束，循环继续。

2）循环体语句 fputc(fgetc(input),output);

从文件 input 中读一个字符（fgetc(input)），然后输出到文件 output 中去。

二、字符串读写函数

【例 12.4】将键盘上输入的一个长度不超过 80 的字符串，以 ASCII 码形式存储到一个磁盘文件中，然后再输出到屏幕上。

```
/*程序功能：从键盘上输入一个字符串，存储到一个磁盘文件中并显示输出*/
/*参数：带参主函数，使用格式：可执行文件名   要创建的磁盘文件名*/
#include "stdio.h"
main(int argc,char*argv[])
  {FILE *fp;                        /*文件类型名 FILE 必须大写*/
   char string[81];                 /*字符数组用于暂存输入输出的字符串*/
   if(argc>2)                       /*参数太多，提示出错*/
    { printf("Too many parameters…\n\n");
     exit(0);
    }
   if(argc==1)                      /*缺磁盘文件名，提示输入*/
  { printf("Input the filename:");
   gets(string);                    /*借用 string 数组暂存输入的文件名*/
   argv[1]=(char *)malloc(strlen(string)+1); /*给文件名参数申请内存空间*/
   strcpy(argv[1],string);          /*复制文件名到形参中*/
   }
  if ((fp=fopen(argv[1],"w"))==NULL)       /*打开文件失败*/
   { printf("can not open this file\n");
    exit(0)
   }
  /*从键盘上输入字符串，并存储到指定文件中*/
  printf("Input a string:");gets(string);     /*从键盘上输入到字符串*/
```

```
      fputs(string,fp);                                    /*存储到指定文件*/
      fclose(fp);
                          /*重新打开文件，读出其中的字符串，并输出到屏幕上*/
    if((fp=fopen(argv[1],"r"))==NULL)                      /*打开文件失败*/
      { printf("can not open this file\n");
       exit(0);
      }
    fgets(string,strlen(string)+1,fp);              /*从文件中读出一个字符串*/
    printf("Output the string:");puts(string);  /*将字符串输出到屏幕上*/
    fclose(fp);
}
```

程序说明：

1）基本思路

为增强程序的可靠性，程序中对参数过多的情况提示出错并终止程序运行（当然，也可以取第 1 个参数作为文件名，忽略多余的）；而遗漏文件名时，提示用户输入。

同时，为增强程序的人机交互性，凡是需要用户输入数据的地方，都设置了提示输入的信息；凡是输出数据的地方，都设置了输出说明信息。

2）缺磁盘文件名时的键盘输入

```
    if(argc==1)                                /*缺磁盘文件名，提示输入*/
      {printf("Input the filename:");
       gets(string);                           /*借用 string 数组暂存输入的文件名*/
       argv[1]=(char *)malloc(strlen(string)+1);/*给文件名参数申请内存空间*/
       strcpy(argc[1],string);                 /*复制文件名到形参中*/
      }
```

当遗漏文件名时，形参 argv[1]是一个空指针，直接使用容易出问题，所以先借用 string 数组暂存输入的文件名，然后再用 malloc()函数，按文件名实际长度给形参 argv[1]申请一块内存空间，最后将文件名复制到形参 arge[1]中。

3）fputs(string,fp);语句中的库函数 fputs()——向指定文件输出一个字符串

（1）用法：int fputs(字符串，文件指针);

其中，字符串可以是一个字符串常量，或字符数组名，或字符指针变量名。

（2）功能：向指定文件输出一个字符串，同时将读写位置指针向前移动 strlength（字符串长度）个字节。如果输出成功，则函数返回值为 0；否则，为非 0 值。

fputs(string,fp);语句的功能是将字符数组 string 中存储的字符串输出到 fp 所指向的文件中。

4）fgets(string,strlen(string)+1,fp);语句中的库函数 fgets()——从文件中读一个字符串

（1）用法：char *fgets(字符数组 / 指针,字符串长度+1,文件指针);

（2）功能：从指定文件中读入一个字符串，存入"字符数组/指针"中，并在尾端自动加一个结束标志"\0"；同时，将读写位置指针向前移动 strlength（字符串长度）个字节。

如果在读入规定长度之前遇到文件尾 EOF 或换行符，读入即结束。

5）fgets()、fputs()函数与 gets()、puts()函数比较

这两对函数的功能相似，只是操作对象不同：fgets()和 fputs()函数以指定文件为操作对象，而 gets()和 puts()函数却是以标准输入（stdin）和输出（stdout）文件为操作对象。

三、数据块读写函数

fgetc()和 fputc()函数一次只能读/写 1 个字节的数据，但实际应用中却常常要求一次读/写 1 个数据块（连续的若干字节）。为此，ANSI C 标准设置了 fread()和 fwrite()函数。

1. 用法

```
int fread(void *buffer, int size, int count, FILE *fp);
int fwrite(void *buffer, int size, int count, FILE *fp);
```

2. 功能

fread()：从 fp 所指向文件的当前位置开始，一次读入 size 个字节，重复 count 次，并将读入的数据存放到从 buffer 开始的内存中；同时将读写位置指针向前移动 size*count 个字节。其中，buffer 是存放读入数据的起始地址（即存放何处）。

fwrite()：从 buffer 开始，一次输入 size 个字节，重复 count 次，并将输出的数据存放到 fp 所指向的文件中；同时，将读写位置指针向前移动 size*count 个字节。其中，buffer 是要输出数据在内存中的起始地址（即从何处开始输出）。

如果调用 fread()或 fwrite()成功，则函数返回值等于 count。

fread()和 fwrite()函数一般用于二进制文件的处理。

四、格式化读写函数

与 scanf()和 printf()函数的功能相似，fscanf()和 fprintf 函数都是格式化输入/输出函数，区别在于：fscanf()和 fprintf()函数的操作对象是指定文件，而 scanf()和 printf()函数的操作对象是标准输入（stdin）和输出（stdout）文件。

fscanf()和 fprintf()函数的用法如下：

```
int fscanf（文件指针,"格式符",输入变量首地址表);
int fprintf(文件指针,"格式符",输入参量表);
```

例如：

```
int i=3;
float f=9.80
...
fprintf(fp,"%2d,%6.2f",i,f);
...
```

fprintf()函数的作用是，将变量 i 按%2d 的格式、变量 f 按%6.2f 的格式，以逗号作分隔符，输出到 fp 所指向的文件中。本程序的运行结果为：

□3,□□9.80（□表示 1 个空格）

五、读/写函数选用原则

从功能角度来说，fscanf()和 fprintf()函数可以完成文件的任何数据读/写操作。但为方便

起见，依下列原则选用。

（1）读/写一个字符（或字节）数据时，选用 fgets()函数和 fputs()函数。

（2）读/写一个字符串时，选用 fgets()和 fputs()函数。

（3）读/写一个（或多个）不含格式的数据时，选用 fread()和 fwrite()函数。

（4）读/写一个（或多个）含格式的数据时，选用 fscanf()和 fprintf()函数。

六、文件定位函数

文件中有一个读写位置指针指向当前的读写位置。如果顺序读写一个文件，则每次读写 1 个（或 1 组）数据后，系统自动将位置指针移动到下一个读写位置上。

如果想改变系统的这种读写规律，强制性地移动到希望的位置上，可使用有关文件定位的函数。

1. 位置指针复位函数 rewind()

（1）用法：int rewind(文件指针);

（2）功能：使文件的位置指针返回到文件头。

2. 随机读写与 fseek()函数

对于流式文件，既可以顺序读写，也可以随机读写，关键在于控制文件的位置指针。

所谓顺序读写，是指读写完当前数据后，系统自动将文件的位置指针移动到下一个读写位置上。

所谓随机读写，是指读写完当前数据后，可以通过调用 fseek()函数，将位置指针移动到文件中任何一个地方。

（1）用法：int fseek(文件指针，位移量，参照点);

（2）功能：将指定文件的位置指针，从参照点开始，移到指定的字节数。

① 参照点：用 0（文件头）、1（当前位置）和 2（文件尾）表示。

在 ANSI C 标准中，还规定了下面的名字：

　　　　SEEK_SET——文件头，SEEK_CUR——当前位置，SEEK_END——文件尾

② 位移量：以参照点为起点，向前（当位移量>0 时）或向后（当位移量<0 时）移动的字节数。在 ANSI C 标准中，要求位移量为 long int 型数据。

fseek()函数一般用于二进制文件。

3. 返回文件当前位置的函数 ftell()

由于文件的位置指针可以任意移动，也经常移动，因而往往容易迷失当前位置，ftell() 就可以解决这个问题。

（1）用法：long ftell(文件指针);

（2）功能：返回文件位置指针的当前位置（用相对于文件头的位移量表示）。如果返回值 为−1L，则表明调用出错。

例如：

```
offset=ftell(fp);
if(offset== -1L)printf("ftell() error\n");
```

项 目 小 结

（1）文件是指存放在外部存储介质上的数据集合。为标识一个文件，每个文件都必须有一个文件名，其一般结构为：主文件名[.扩展名]。凡是需要长期保存的数据，都必须以文件的形式保存到外部存储介质上（硬盘、软盘或磁带等）。

（2）在 C 语言中，根据文件的存储形式，将文件分为 ASCII 码文件和二进制文件。

（3）通过系统定义的文件结构类型 FILE（必须大写），可定义指向已打开文件的文件指针变量。通过这个文件指针变量，实现对文件的读、写操作和其他操作。

（4）对文件进行操作之前，必须先用 fopen()库函数打开该文件；使用结束后，应立即用 fclose()库函数关闭，以免数据丢失。函数用法如下：

```
FILE*fopen("文件名","操作方式");
int fclose(FILE，文件指针);
```

（5）读/写文件中的一个字符——fgetc()和 fputc()函数，用法如下：

```
int fputc(字符数据,文件指针);
int fgetc(文件指针);
```

（6）读/写文件中的一个字符串——fgets()和 fputs()函数，用法如下：

```
int fputs(字符串文件指针);
char*fgets(字符数组/指针,字符串长度+1,文件指针);
```

（7）读/写文件中的一个数据块——fread()和 fwrite()函数，用法如下：

```
int fread(void*buffer,int size, int count, FILE*fp);
int fwrite(void*buffer,int size, int count, FILE*fp);
```

fread()和 fwrite()函数一般用于二进制文件的处理。

（8）对文件进行格式化读/写——fscanf()和 fprintf()函数，用法如下：

```
int fscanf(文件指针,"格式符",输入变量首地址表);
int fprintf(文件指针,"格式符",输出参量表);
```

（9）对于流式文件，也可以随机读写，关键在于通过调用 fseek()或 rewind()函数，将位置指针移动到需要的地方。函数用法如下：

```
int fseek(文件指针,位移量,参照点);
int rewind(文件指针);
```

（10）返回文件位置指针的当前位置——ftell()库函数，用法如下：

```
long ftell(文件指针);
```

（11）在调用输入输出库函数时，如果出错，除了函数返回值有所反映外，也可以利用 ferror()函数来检测。函数用法如下：

```
int ferror(文件指针);
```

（12）将文件错误标志和文件结束标志置 0—— clearerr()库函数，用法如下：

```
void clearerr(文件指针);
```

项目学习评价

序号	评价内容	评价要素	自我评价	教师评价	反思：学习过程中目标的完成情况如何？遇到了哪些困难？采取了什么样的解决方式？
1	学习态度	主动学习知识内容			
		独立完成工作任务			
		积极探索拓展内容			
2	基础知识	理解文件的概念、特点			
		知道文件的分类			
		知道读文件与写文件的含义			
		知道缓冲文件系统的含义及其输入与输出的过程			
		掌握读写函数的选用原则			
3	基本技能	掌握文件的打开和关闭方法			
		掌握读写文件的方法（包括字符读写函数、字符串读写函数、数据块读写函数、格式化读写函数、文件定位函数）			
4	拓展应用	综合使用打开、关闭、读、写等文件操作函数，进一步理解函数、指针、结构体的概念和使用			

注：评价档次采用 A（优秀）、B（良好）、C（合格）、D（不合格）四个水平。

C语言程序设计（第4版）

习题与实训 <<<

一、应用题

1. 什么是文件？C 语言的文件有什么特点？

2. 什么是文件指针？文件的打开和关闭的含义是什么？为什么要打开和关闭文件？

3. 从键盘上输入一个字符串，要求将其中的大写字母转换成小写，然后把整个字符串存储到一个磁盘文件中（ASCII 码形式）。

4. 编写一个程序 copyfile.c，实现两个磁盘文件的合并拷贝，并存储到一个新的目标文件中。如果缺省目标文件名，则将第二个文件追加到第一个文件之后。

5. 某校数理化学习小组有 5 个人，每个人的信息包括学号、姓名、数学成绩、物理成绩和化学成绩。要求从键盘上输入他们的信息，并求出每个人的平均成绩，然后连同平均成绩存储到一个磁盘文件中。

6. 编写一个程序，用于统计 C 语言源程序的总行数、总字符数（包括空格）和注释字符数及其比例（用百分数表示）、空格数及其比例（用百分数表示）。

7. 编写一个程序，实现将 C 语言源程序中的注释全部删除。

二、实训题

1. 实训要求

（1）掌握文件、缓冲文件系统、文件指针的概念。

（2）学会使用打开、关闭、读、写等文件操作函数。

（3）了解用缓冲文件系统对文件进行操作。

（4）进一步理解函数、指针、结构体的概念和使用。

2. 实训内容

（1）编写一个 C 程序，完成以下操作。

① 定义一个如下结构体类型。

```
struct student
 {char num[8];
  char name[16];
  char sex;
  int age;
  float grade;
}
```

② 为表 12-2 定义一个结构体类型数组，并进行初始化。

表 12-2　结构体类型数组

学号（num）	姓名（name）	性别（sex）	年龄（age）	成绩（grade）
97160101	Zhang jian guo	M	19	95.5
97160105	Liu xiao di	W	18	85.6
97160106	Gao fong wen	M	21	90.2
97160108	Xu jiang fang	W	20	91.5
97160109	Ling hai xia	W	21	84.2
97160110	Zhao xing liang	M	19	86.4

③ 打开可读写的新文件 student.dat。

④ 使用函数 fwrite() 将结构体数组的内容写入文件 student.dat 中。

⑤ 关闭文件 student.dat。

（2）编写一个 C 程序，完成以下操作。

① 打开可读写文件 student.dat，从文件中依次读出各学生的情况并输出。

② 关闭文件 student.dat。

3. 分析与总结

（1）对各题运行结果进行分析。如果程序未能调试通过，应分析出原因。

（2）总结各题的编程思路，谈谈本次实验的收获与经验。

第三部分

项目案例库

项目十三　　C语言程序项目案例

本项目提供了基于 Visual C++6.0 环境下的 5 个案例，供同学们学习，并给出了其中一个项目案例的功能分析。

本项目要求重点掌握使用面向对象的方式思考和解决问题的能力，并且掌握字符数组的使用、字符指针的使用及 C 语言语法结构。

任务一　　火车订票系统

任务要求

本任务以"火车订票系统"为例进行分析，并给出源代码。

任务实现

一、系统功能总体描述

系统可以实现火车票务基本信息的查询，如订票、售票、退票、车次查询等。系统功能要求实现火车票的基本信息（符合条件的车次名称、开车、到站、历时、里程、票价、车次类型）统计、添加车次、更改售出票后所剩票数等功能。

该系统包含七大功能模块，主要有：

① 插入火车信息；
② 查询火车信息；
③ 订票；
④ 更新火车信息；
⑤ 建议；
⑥ 信息存储归档；
⑦ 退出系统。

二、系统详细设计

本系统可实现火车票务信息的管理和查询等功能。它的基本功能是建立火车票信息链表，存储火车车票的基本信息，实现对已有车次票务的查询、预订、售票、退票等业务的保存、修改等。

软件输出/输入形式：软件提示信息丰富、容易理解，重点是依据火车票务的特点，有明显的及时性和快速性。

测试数据要求：当输入想要到达的目的地信息时，输出符合的车次、到站时间、开车时间及终到站时间。车次名称、开时、到时、历时、车次类型、站名必须用字符串数据；里程、车票剩余情况、票价情况必须用整型数据。对车票的基本信息进行查找时，按目的地、时间和车次三种查找方式查找。测试数据要有及时性和快速性。

该系统各功能模块的具体实现算法及各函数的功能与实现如下。

输入火车信息：包括火车车次、最终目的地、始发站、火车到站时间、车票价格、所定票号。可用函数 void input 来实现此操作。

更新火车信息：可用 void find 来实现此操作。

退出系统：可以用函数 exit()实现。system 退出系统的步骤：首先将信息保存在文件中，释放动态创建的内存空间，再退出程序。

三、系统调试分析

源代码：

```c
#include <conio.h>
#include <stdio.h>
#include <stdlib.h>
#include <string.h>

int shoudsave=0;
int count1=0,count2=0,mark=0,mark1=0 ;
/*定义存储火车信息的结构体*/
struct train
{
    char num[10];/*列车号*/
    char city[10];/*目的城市*/
    char takeoffTime[10];/*发车时间*/
    char receiveTime[10];/*到达时间*/
    int  price;/*票价*/
    int  bookNum ;/*票数*/
};
/*订票人的信息*/
struct man
{
    char num[10];/*ID*/
    char name[10];/*姓名*/
    int  bookNum ;/*需求的票数*/
};
```

```
/*定义火车信息链表的结点结构*/
typedef struct node
{
    struct train data ;
    struct node * next ;
}Node,*Link ;
/*定义订票人链表的结点结构*/
typedef struct people
{
    struct man data ;
    struct people*next ;
}bookMan,*bookManLink ;
/* 初始界面*/
void printInterface()
{
    puts("*********************************************************");
    puts("*     Welcome to use the system of booking tickets    *");
    puts("*********************************************************");
    puts("*   You can choose the operation:                     *");
    puts("*     1:Insert a train information                     *");
    puts("*      2:Inquire a train information                    *");
    uts("*      3:Book a train ticket                       *");
    puts("*      4:Update the train information                  *");
    puts("*       5:Advice to you about the train                 *");
    puts("*       6:save information to file                     *");
    puts("*        7:quit the system                            *");
    puts("*********************************************************");
}
/*添加一个火车信息*/
void InsertTraininfo(Link linkhead)
{
    struct node *p,*r,*s ;
    char num[10];
    r = linkhead ;
    s = linkhead->next ;
    while(r->next!=NULL)
    r=r->next ;
    while(1)
```

```
    {
        printf("please input the number of the train(0-return)");
        scanf("%s",num);
        if(strcmp(num,"0")==0)
          break ;
        /*判断是否已经存在*/
        while(s)
        {
            if(strcmp(s->data.num,num)==0)
            {
                printf("the train '%s'has been born!\n",num);
                return ;
            }
            s = s->next ;
        }
        p = (struct node*)malloc(sizeof(struct node));
        strcpy(p->data.num,num);
        printf("Input the city where the train will reach:");
        scanf("%s",p->data.city);
        printf("Input the time which the train take off:");
        scanf("%s",p->data.takeoffTime);
        printf("Input the time which the train receive:");
        scanf("%s",&p->data.receiveTime);
        printf("Input the price of ticket:");
        scanf("%d",&p->data.price);
        printf("Input the number of booked tickets:");
        scanf("%d",&p->data.bookNum);
        p->next=NULL ;
        r->next=p ;
        r=p ;
        shoudsave = 1 ;
    }
}
/*打印火车票信息*/
void printTrainInfo(struct node*p)
{
    puts("\nThe following is the record you want:");
    printf(">>number of train: %s\n",p->data.num);
    printf(">>city the train will reach: %s\n",p->data.city);
```

```
        printf(">>the  time  the  train  take  off:  %s\nthe  time  the  train
reach:  %s\n",p->data.takeoffTime,p->data.receiveTime);
        printf(">>the price of the ticket: %d\n",p->data.price);
        printf(">>the number of  booked tickets: %d\n",p->data.bookNum);
    }


    struct node * Locate1(Link l,char findmess[],char numorcity[])
    {
        Node*r ;
        if(strcmp(numorcity,"num")==0)
        {
            r=l->next ;
            while(r)
            {
                if(strcmp(r->data.num,findmess)==0)
                return r ;
                r=r->next ;
            }
        }
        else if(strcmp(numorcity,"city")==0)
        {
            r=l->next ;
            while(r)
            {
                if(strcmp(r->data.city,findmess)==0)
                return r ;
                r=r->next ;
            }
        }
        return 0 ;
    }


    /*查询火车信息*/
    void QueryTrain(Link l)


    {
        Node *p ;
        int sel ;
        char str1[5],str2[10];
```

```
        if(!l->next)
        {
            printf("There is not any record !");
            return ;
        }
        printf("Choose the way:\n>>1:according to the number of train;\n>>2:according
to the city:\n");
        scanf("%d",&sel);
        if(sel==1)
        {
            printf("Input the the number of train:");
            scanf("%s",str1);
            p=Locate1(l,str1,"num");
            if(p)
            {
                printTrainInfo(p);
            }
            else
            {
                mark1=1 ;
                printf("\nthe file can't be found!");
            }
        }
        else if(sel==2)
        {
            printf("Input the city:");
            scanf("%s",str2);
            p=Locate1(l,str2,"city");
            if(p)
            {
                printTrainInfo(p);
            }
            else
            {
                mark1=1 ;
                printf("\nthe file can't be found!");
            }
        }
    }
```

/*订票子模块*/

```c
void BookTicket(Link l,bookManLink k)
{
    Node*r[10],*p ;
    char ch,dem ;
    bookMan*v,*h ;
    int i=0,t=0 ;
    char str[10],str1[10],str2[10];
    v=k ;
    while(v->next!=NULL)
    v=v->next ;
    printf("Input the city you want to go: ");
    scanf("%s",&str);
    p=l->next ;
    while(p!=NULL)
    {
        if(strcmp(p->data.city,str)==0)
        {
            r[i]=p ;
            i++;
        }
        p=p->next ;
    }
    printf("\n\nthe number of record have %d\n",i);
    for(t=0;t<i;t++)
    printTrainInfo(r[t]);
    if(i==0)
    printf("\n\t\t\tSorry!Can't find the train for you!\n");
    else
    {
        printf("\ndo you want to book it?<1/0>\n");
        scanf("%d",&ch);
        if(ch == 1)
        {
            h=(bookMan*)malloc(size of(bookMan));
            printf("Input your name: ");
            scanf("%s",&str1);
            strcpy(h->data.name,str1);
```

```
            printf("Input your id: ");
            scanf("%s",&str2);
            strcpy(h->data.num,str2);
            printf("Input your bookNum: ");
            scanf("%d",&dem);
            h->data.bookNum=dem ;
            h->next=NULL ;
            v->next=h ;
            v=h ;
            printf("\nLucky!you have booked a ticket!");
            getch();
            shoudsave=1 ;
        }
    }
}
bookMan*Locate2(bookManLink k,char findmess[])
{
    bookMan*r ;
    r=k->next ;
    while(r)
    {
        if(strcmp(r->data.num,findmess)==0)
         {
         mark=1 ;
         return r ;
         }
        r=r->next ;
    }
    return 0 ;
}
/*修改火车信息*/
void UpdateInfo(Link l)
{
    Node*p ;
    char findmess[20],ch ;
    if(!l->next)
    {
        printf("\nthere isn't record for you to modify!\n");
        return ;
```

```
    }
    else
    {
        QueryTrain(l);
        if(mark1==0)
        {
            printf("\nDo you want to modify it?\n");
            getchar();
            scanf("%c",&ch);
            if(ch=='y');
            {
                printf("\nInput the number of the train:");
                scanf("%s",findmess);
                p=Locate1(l,findmess,"num");
                if(p)
                {
                    printf("Input new number of train:");
                    scanf("%s",&p->data.num);
                    printf("Input new city the train will reach:");
                    scanf("%s",&p->data.city);
                    printf("Input new time the train take off");
                    scanf("%s",&p->data.takeoffTime);
                    printf("Input new time the train reach:");
                    scanf("%s",&p->data.receiveTime);
                    printf("Input new price of the ticket::");
                    scanf("%d",&p->data.price);
                    printf("Input new number of people who have booked ticket:");
                    scanf("%d",&p->data.bookNum);
                    printf("\nmodifying record is sucessful!\n");
                    shoudsave=1 ;
                }
                else
                printf("\t\t\tcan't find the record!");
            }
        }
        else
         mark1=0 ;
    }
}
```

```
/*系统给用户的提示信息*/
void AdvicedTrains(Link l)
{
    Node*r ;
    char str[10];
    int mar=0 ;
    r=l->next ;
    printf("Iuput the city you want to go: ");
    scanf("%s",str);
    while(r)
    {
        if(strcmp(r->data.city,str)==0&&r->data.bookNum<200)
        {
            mar=1 ;
            printf("\nyou can select the following train!\n");
            printf("\n\nplease select the fourth operation to book the
ticket!\n");
            printTrainInfo(r);
        }
        r=r->next ;
    }
    if(mar==0)
    printf("\n\t\t\tyou can't book any ticket now!\n");

}
/*保存火车信息*/
void SaveTrainInfo(Link l)
{
    FILE*fp ;
    Node*p ;
    int count=0,flag=1 ;
    fp=fopen("c:\\train.txt","wb");
    if(fp==NULL)
    {
        printf("the file can't be opened!");
        return ;
    }
    p=l->next ;
    while(p)
```

```
    {
        if(fwrite(p,sizeof(Node),1,fp)==1)
        {
            p=p->next ;
            count++;
        }
        else
        {
            flag=0 ;
            break ;
        }
    }
    if(flag)
    {
        printf("the number of the record which have been saved is %d\n",count);
        shoudsave=0 ;
    }
    fclose(fp);
}
/*保存订票人的信息*/
void SaveBookmanInfo(bookManLink k)
{
    FILE*fp ;
    bookMan*p ;
    int count=0,flag=1 ;
    fp=fopen("c:\\man.txt","wb");
    if(fp==NULL)
    {
        printf("the file can't be opened!");
        return ;
    }
    p=k->next ;
    while(p)
    {
        if(fwrite(p,sizeof(bookMan),1,fp)==1)
        {
            p=p->next ;
            count++;
        }
```

```
            else
            {
                flag=0 ;
                break ;
            }
        }
        if(flag)
        {
            printf("the number of the record which have been saved is %d\n",count);
            shoudsave=0 ;
        }
        fclose(fp);
}


int main()
{
    FILE*fp1,*fp2 ;
    Node*p,*r ;
    char ch1,ch2 ;
    Link l ;
    bookManLink k ;
    bookMan*t,*h ;
    int sel ;
    l=(Node*)malloc(sizeof(Node));
    l->next=NULL ;
    r=l ;
    k=(bookMan*)malloc(sizeof(bookMan));
    k->next=NULL ;
    h=k ;
    fp1=fopen("c:\\train.txt","ab+");
    if((fp1==NULL))
    {
        printf("can't open the file!");
        return 0 ;
    }
    while(!feof(fp1))
    {
        p=(Node*)malloc(sizeof(Node));
        if(fread(p,sizeof(Node),1,fp1)==1)
```

```c
        {
            p->next=NULL ;
            r->next=p ;
            r=p ;
            count1++;
        }
    }
    fclose(fp1);
    fp2=fopen("c:\\man.txt","ab+");
    if((fp2==NULL))
    {
        printf("can't open the file!");
        return 0 ;
    }

    while(!feof(fp2))
    {
        t=(bookMan*)malloc(sizeof(bookMan));
        if(fread(t,sizeof(bookMan),1,fp2)==1)
        {
            t->next=NULL ;
            h->next=t ;
            h=t ;
            count2++;
        }
    }
    fclose(fp2);
    while(1)
    {
        system("cls");
        printInterface();
        printf("please choose the operation:  ");
        scanf("%d",&sel);
        system("cls");
        if(sel==8)
        {
            if(shoudsave==1)
            {
                getchar();
```

```
                    printf("\nthe file have been changed!do you want to save
it(y/n)?\n");
                    scanf("%c",&ch1);
                    if(ch1=='y'||ch1=='Y')
                    {
                        SaveBookmanInfo(k);
                        SaveTrainInfo(l);
                    }
                }
                printf("\nThank you!!You are welcome too\n");
                break ;


            }
            switch(sel)
            {
                case 1 :
                  InsertTraininfo(l);break ;
                case 2 :
                  QueryTrain(l);break ;
                case 3 :
                  BookTicket(l,k);break ;
                case 4 :
                  UpdateInfo(l);break ;
                case 5 :
                  AdvicedTrains(l);break ;
                case 6 :
                  SaveTrainInfo(l);SaveBookmanInfo(k);break ;
                case 7 :
                return 0;
            }
            printf("\nplease press any key to continue.......");
            getch();
        }
    return 0;
    }
```

程序运行结果如图 13-1～图 13-4 所示。

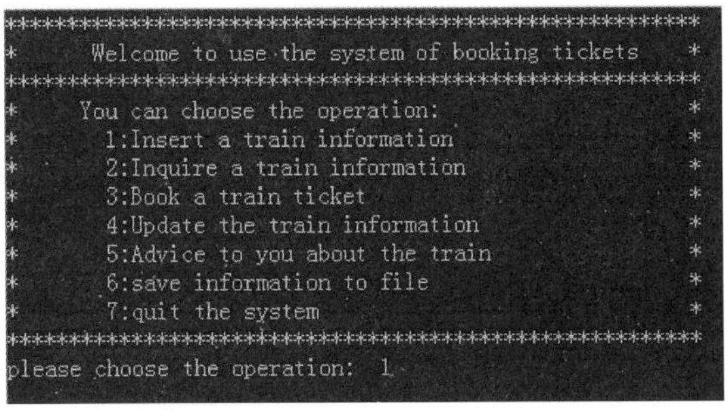

图 13-1　程序运行结果（1）

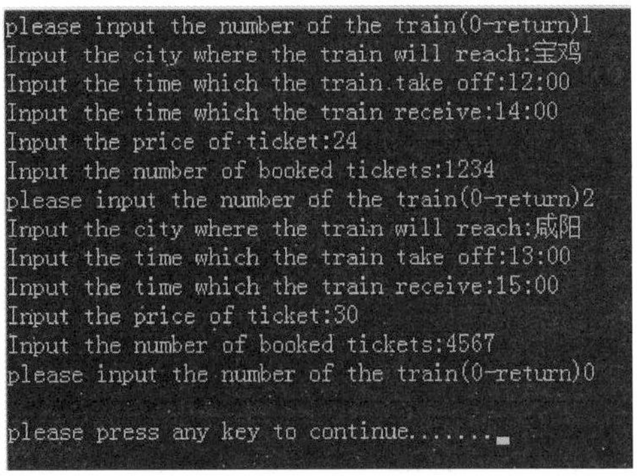

图 13-2　程序运行结果（2）

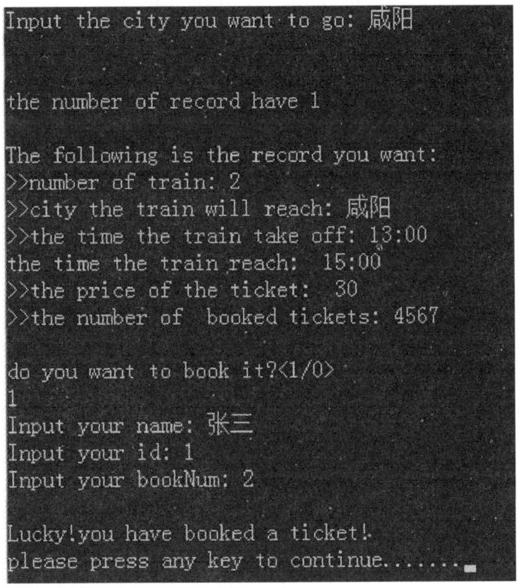

图 13-3　程序运行结果（3）

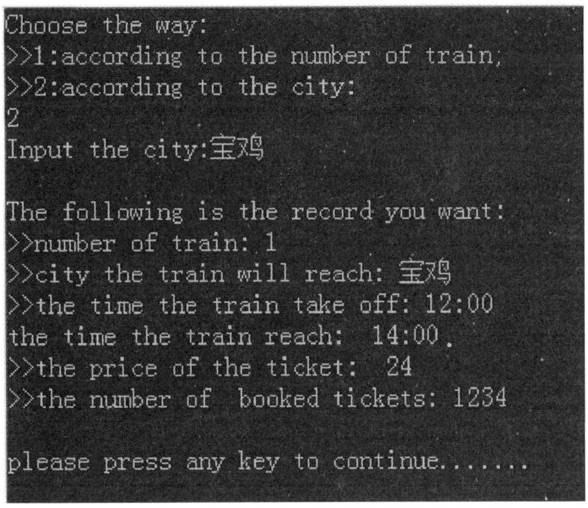

图 13-4　程序运行结果（4）

以下提供了"掷骰子游戏""24 点扑克牌游戏""强大的通信录""竞技比赛打分系统"等 4 个项目案例，供读者自行学习。

任务二　掷骰子游戏

源代码：

```c
#include <stdio.h>
#include <stdlib.h>
#include <time.h>
#include <conio.h>

/*生成每个骰子的点数*/
int GenPoint(int sidenum)
```

```c
{
    return (rand()%sidenum + 1);
}
int SumDicepoint(int dicenum,int sidenum)
{
    int i;
    int sum = 0;
    for(i = 0;i<dicenum;i++)
        sum += GenPoint(sidenum);
    return sum;
}
int PlayGame()
{
    int dicenum,sum,sidenum;
    do
    {
        printf("input the type of dice:\n");
        scanf("%d",&sidenum);
        if(sidenum == 0)
        return 0;
    }while(!((sidenum == 4)||(sidenum == 6)||(sidenum == 8)||(sidenum ==
12)||(sidenum == 20)));

    puts("input the number of dices:");
    scanf("%d",&dicenum);
    sum = SumDicepoint(dicenum,sidenum);
    system("cls");
    printf("The result of the game:\n");
    printf(">>the number of the dice sides:%d\n",sidenum);
    printf(">>the number of the dices :%d\n",dicenum);
    printf(">>the number of all points:%d\n",sum);
    printf("press any key to continue....\n");
    getch();
    return 1;
}
int main()
{
    srand((unsigned int)time(0));
    while(1)
```

```
    {
        system("cls");
        puts("*******************************************");
        puts("*  Welcome to the Game of Dropping dice   *");
        puts("*    You can choose the type of dice:     *");
        puts("*     4: 4 sides on a dice                *");
        puts("*     6: 6 sides on a dice                *");
        puts("*     8: 8 sides on a dice                *");
        puts("*     12: 12 sides on a dice              *");
        puts("*     20: 20 sides on a dice              *");
        puts("*     0: quit the game                    *");
        puts("*******************************************");
        if(PlayGame() == 0)
            return 0;
    }
    return 0;
}
```

程序运行结果如图 13-5 和图 13-6 所示。

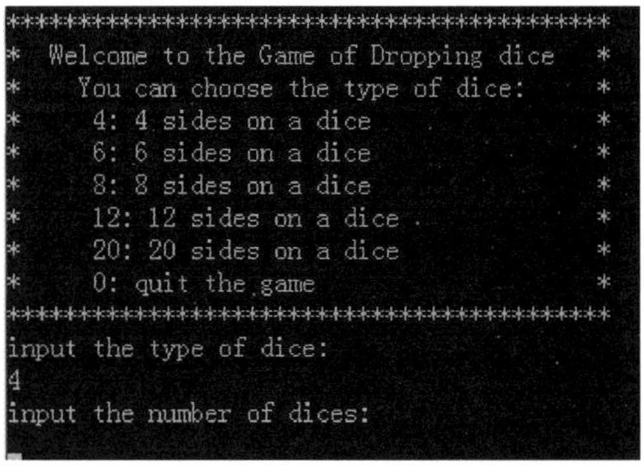

图 13-5 程序运行结果（1）

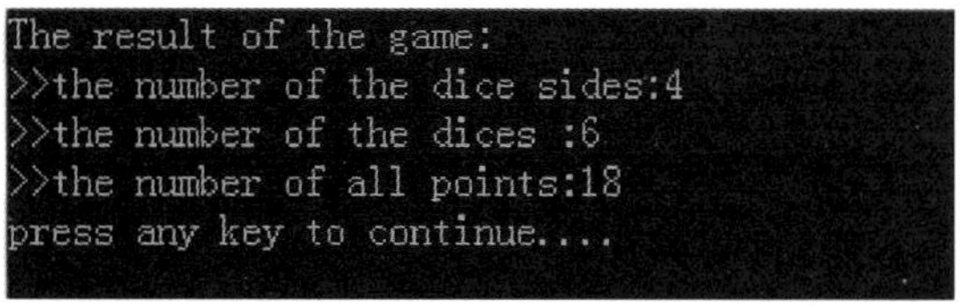

图 13-6 程序运行结果（2）

任务三 24 点扑克牌游戏

源代码：

```
#include <stdio.h>
#include <stdlib.h>
#include <string.h>
/*字符操作函数*/
#include <ctype.h>
```

```
#include <windows.h>

#define BUFFSIZE 32
#define COL 128
#define ROW 64

/*定义栈1*/
typedef struct node
{
    int data;
    struct node  *next;
}STACK1;
 /*定义栈2*/
typedef struct node2
{
    char data;
    struct node2 *next;
}STACK2;
/*下面定义两个栈基本操作*/
/*入栈函数*/
STACK1 *PushStack(STACK1 *top,int x)
{
    STACK1 *p;
    p=(STACK1 *)malloc(sizeof(STACK1));
    if(p==NULL)
    {
        printf("ERROR\n!");
        exit(0);
    }
    p->data=x;
    p->next=top;
    top=p;
    return top;
}
/*出栈函数*/
STACK1 *PopStack(STACK1 *top)
{
    STACK1 *q;
    q=top;
```

```
    top=top->next;
    free(q);
    return top;
}
 /*读栈顶元素*/
int GetTop(STACK1 *top)
{
    if(top==NULL)
    {
        printf("Stack is null\n");
        return 0;
    }
    /*返回栈顶元素*/
    return top->data;
}
/*取栈顶元素，并删除栈顶元素*/
STACK1 *GetDelTop(STACK1 *top,int *x)
{
    *x=GetTop(top);
    top=PopStack(top);
    return top;
}
int EmptyStack(STACK1 *top)  /*判断栈是否为空*/
{
    if(top==NULL)
         return 1;
    return 0;
}
/*入栈函数*/
STACK2 *PushStack2(STACK2 *top,char x)
{
    STACK2 *p;
    p=(STACK2 *)malloc(sizeof(STACK2));
    if(p==NULL)
    {
        printf("error\n!");
        exit(0);
    }
    p->data=x;
```

```
        p->next=top;
        top=p;
        return top;
    }
STACK2 *PopStack2(STACK2 *top)  /*出栈*/
    {
        STACK2 *q;
        q=top;
        top=top->next;
        free(q);
        return top;
    }
/*读栈顶元素*/
char GetTop2(STACK2 *top)
    {
        if(top==NULL)
        {
            printf("Stack is null\n");
            return 0;
        }
        return top->data;
    }
/*取栈顶元素，并删除栈顶元素*/
STACK2 *GetDelTop2(STACK2 *top,char *x)
    {
        *x=GetTop2(top);
        top=PopStack2(top);
        return top;
    }
/*判断栈是否为空*/
int EmptyStack2(STACK2 *top)
    {
        if(top==NULL)
            return 1;
        else
            return 0;
    }
/*随机发牌函数*/
void GenCard()
```

```
{
    int num,i;
    srand((unsigned)time(NULL));
    for(i=0;i<4;i++)
    {
        num=rand()%13;  /*大小随机数*/
        printf("%d ",num);
    }
}
/*中缀字符串e转后缀字符串a函数*/
void ExpressTransform(char *expMiddle,char *expBack)
{
    STACK2 *top=NULL;  /* 定义栈顶指针*/
    int i=0,j=0;
    char ch;
    while(expMiddle[i]!='\0')
    {
        /*判断字符是否为数字*/
        if(isdigit(expMiddle[i]))
        {
            do{
            expBack[j]=expMiddle[i];
            i++;j++;
            }while(expMiddle[i]!='.');
            expBack[j]='.';
            j++;
        }
        /*处理"("*/
        if(expMiddle[i]=='(')
            top=PushStack2(top,expMiddle[i]);
        /*处理")"*/
        if(expMiddle[i]==')')
        {
            top=GetDelTop2(top,&ch);
            while(ch!='(')
            {
            expBack[j]=ch;
            j++;
            top=GetDelTop2(top,&ch);
```

```
                }
        }
        /*处理加或减号*/
        if(expMiddle[i]=='+'||expMiddle[i]=='-')
        {
                if(!EmptyStack2(top))
                {
        ch=GetTop2(top);
        while(ch!='(')
        {
            expBack[j]=ch;
            j++;
            top=PopStack2(top);
            if(EmptyStack2(top))
                    break;
            else
                    ch=GetTop2(top);
        }
                }
    top=PushStack2(top,expMiddle[i]);
        }
        /*处理乘或除号*/
        if(expMiddle[i]=='*'||expMiddle[i]=='/')
        {
                if(!EmptyStack2(top))
                {
        ch=GetTop2(top);
        while(ch=='*'||ch=='/')
        {
            expBack[j]=ch;
          j++;
            top=PopStack2(top);
            if(EmptyStack2(top))
                    break;
            else
                    ch=GetTop2(top);
        }
                }
        top=PushStack2(top,expMiddle[i]);
```

```
    }
        i++;
    }
    while(!EmptyStack2(top))
        top=GetDelTop2(top,&expBack[j++]);
    expBack[j]='\0';
}
/*后缀表达式求值函数*/
int ExpressComputer(char *s)
{
    STACK1 *top=NULL;
    int i,k,num1,num2,result;
    i=0;
    while(s[i]!='\0')   /*当字符串没有结束时做以下处理*/
    {
        if(isdigit(s[i])) /*判字符是否为数字*/
        {
                k=0;   /*k 初值为 0*/
                do{
            k=10*k+s[i]-'0';   /*将字符连接为十进制数字*/
            i++;   /*i 加 1*/
                }while(s[i]!='.'); /*当字符不为'.'时重复循环*/
                top=PushStack(top,k); /*将生成的数字压入堆栈*/
        }
        if(s[i]=='+')   /*如果为'+'号*/
        {
                top=GetDelTop(top,&num2); /*将栈顶元素取出存入 num2 中*/
                top=GetDelTop(top,&num1);  /*将栈顶元素取出存入 num1 中*/
                result=num2+num1;  /*将 num1 和 num2 相加存入 result 中*/
                top=PushStack(top,result);  /*将 result 压入堆栈*/
        }
        if(s[i]=='-')   /*如果为'-'号*/
        {
                top=GetDelTop(top,&num2); /*将栈顶元素取出存入 num2 中*/
                top=GetDelTop(top,&num1); /*将栈顶元素取出存入 num1 中*/
                result=num1-num2; /*将 num1 减去 num2 结果存入 result 中*/
                top=PushStack(top,result); /*将 result 压入堆栈*/
        }
        if(s[i]=='*')   /*如果为'*'号*/
```

```
            {
                    top=GetDelTop(top,&num2);  /*将栈顶元素取出存入 num2 中*/
                    top=GetDelTop(top,&num1);  /*将栈顶元素取出存入 num1 中*/
                    result=num1*num2;  /*将 num1 与 num2 相乘结果存入 result 中*/
                    top=PushStack(top,result);  /*将 result 压入堆栈*/
            }
            if(s[i]=='/')  /*如果为'/'号*/
            {
                    top=GetDelTop(top,&num2);  /*将栈顶元素取出存入 num2 中*/
                    top=GetDelTop(top,&num1);  /*将栈顶元素取出存入 num1 中*/
                    result=num1/num2;                /*将 num1 除 num2 结果存入 result 中*/
                    top=PushStack(top,result);  /*将 result 压入堆栈*/
            }
            i++;  /*i 加 1*/
        }
    top=GetDelTop(top,&result);  /*最后栈顶元素的值为计算的结果*/
    return result;  /*返回结果*/
}
/*检查输入的表达式是否正确*/
int CheckExpression(char *e)
{
    char ch;
    int i=0;
    while(e[i]!='\0')
    {
        if(isdigit(e[i]))
        {
            if(isdigit(e[i+1]))
            {
                i++;
                continue;
            }
            if(e[i+1]!='.')
            {
                printf("\n The wrong express format!!\n");
                return 0;
            }
            i++;
        }
```

```
        i++;
    }
    return 1;
}
/*主函数*/
int main()
{
    char expMiddle[BUFFSIZE],expBack[BUFFSIZE],ch;
    int i,result;
    system("cls");
    /*提示输入字符串格式*/
    printf("*******************************************\n");
    printf("|  Welcome to play our game : 24 points!  |\n");
    printf("|       The input format as follows:      |\n");
    printf("|               10.*(4.-3.)               |\n");
    printf("*******************************************\n");
    while(1)
    {
        printf("\n The four digits are: ");
        GenCard();
        printf("\n");
        do{
        printf(" Please input the express:\n");
        /*输入字符串按回车键*/
        scanf("%s%c",expMiddle,&ch);
    //printf("%s\n",expMiddle);
    /*检查输入的表达式是否正确*/
    }while(!CheckExpression(expMiddle));

    printf("%s\n",expMiddle);
    /*调用 ExpressTransform 函数,将中缀表达式 expMiddle 转换为后缀表达式 expBack*/
    ExpressTransform(expMiddle,expBack);
    /*计算后缀表达的值*/
    result=ExpressComputer(expBack);
    printf("The value of %s is:%d.\n",expMiddle,result);
    if(result==24)
                printf("You are right!");
    else printf("You are wrong!");
    printf(" Do you want to play again(y/n)?\n");
```

```
            scanf("%c",&ch);
            if(ch=='n'||ch=='N')
                    break;
        }
        return 0;
    }
```

程序运行结果如图 13-7 所示。

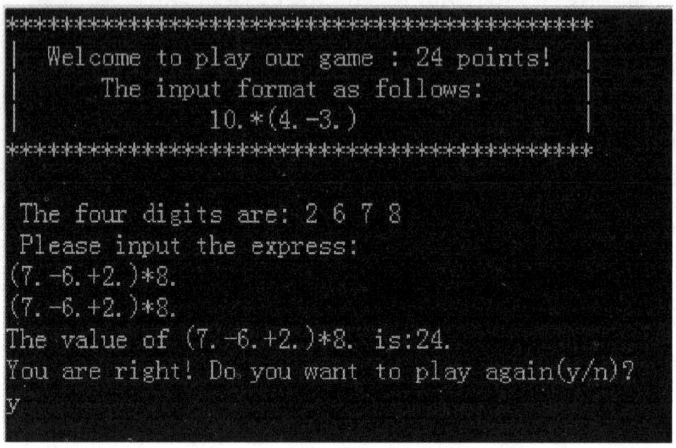

图 13-7　程序运行结果

任务四　强大的通讯录

源代码：

```
#include "stdio.h"      /*I/O 函数*/
#include "stdlib.h"       /*标准库函数*/
#include "string.h"       /*字符串函数*/
#include "ctype.h"      /*字符操作函数*/
#include "conio.h"

#define MAX 50                /*定义常数表示记录数*/

struct ADDRESS                  /*定义数据结构*/
{
    char name[15];        /*姓名*/
    char units[20];      /*单位*/
    char phone[15];      /*电话*/
};
```

```c
int  InputRecord(struct ADDRESS r[]); /*输入记录*/
void ListRecord(struct ADDRESS r[],int n); /*显示记录*/
int  DeleteRecord(struct ADDRESS r[],int n); /*删除记录*/
int  InsertRecord(struct ADDRESS r[],int n); /*插入记录*/
void SaveRecord(struct ADDRESS r[],int n); /*记录保存为文件*/
int  LoadRecord(struct ADDRESS r[]);   /*从文件中读记录*/
int  FindRecord(struct ADDRESS r[],int n,char *s) ; /*查找函数*/
void ShowRecord(struct ADDRESS temp);   /*显示单条记录*/


void main()
{
    int i;
    char s[128];
    struct ADDRESS address[MAX];/*定义结构体数组*/
    int num;/*保存记录数*/
    system("cls");
    while(1)
    {
        system("cls");
        printf("********************MENU******************\n\n");
        printf("|      0: Input a record                |\n");
        printf("|      1: List records in the file      |\n");
        printf("|      2: Delete a record               |\n");
        printf("|      3: Insert a record to the list    |\n");
        printf("|      4: Save records to the file      |\n");
        printf("|      5: Load records from the file     |\n");
        printf("|      6: Quit                          |\n\n");
        printf("*****************************************\n");
        do{
           printf("\n Input your choice(0~6):"); /*提示输入选项*/
           scanf("%s",s); /*输入选择项*/
           i=atoi(s); /*将输入的字符串转化为整型数*/
        }while(i<0||i>6); /*选择项不在 0～11 之间，重输*/
    switch(i)   /*调用主菜单函数，返回值整数作开关语句的条件*/
    {
            case 0:num=InputRecord(address);break;/*输入记录*/
            case 1:ListRecord(address,num);break; /*显示全部记录*/
            case 2:num=DeleteRecord(address,num);break; /*删除记录*/
```

```
                case 3:num=InsertRecord(address,num);  break;    /*插入记录*/
                case 4:SaveRecord(address,num);break;  /*保存文件*/
                case 5:num=LoadRecord(address);  break;  /*读文件*/
                case 6:exit(0);  /*如返回值为11则程序结束*/
        }
    }
}


/***输入记录,形参为结构体数组,函数值返回类型为整型,表示记录长度*/
int  InputRecord(struct ADDRESS t[])
{
    int i,n;
    char *s;
    system("cls");  /*清屏*/
    printf("\n please input record num you want to input. \n");  /*提示信息*/
    scanf("%d",&n);  /*输入记录数*/
    printf("please input the %d records \n",n);  /*提示输入记录*/
    printf("name            units                telephone\n");
    printf("------------------------------------------------\n");
    for(i=0;i<n;i++)
    {
        scanf("%s%s%s",t[i].name,t[i].units,t[i].phone);  /*输入记录*/
        printf("------------------------------------------------\n");
    }
    getch();
    return n;  /*返回记录条数*/
}
/*显示记录,参数为记录数组和记录条数*/
void ListRecord(struct ADDRESS t[],int n)
{
    int i;
    system("cls");
    printf("\n\n*******************ADDRESS LIST***************\n");
    printf("name            units                telephone\n");
    printf("------------------------------------------------\n");
    for(i=0;i<n;i++)
    printf("%-13s%-20s%-15s\n",t[i].name,t[i].units,t[i].phone);
    printf("*********************end********************\n");
    getch();
```

```
}
/*显示指定的一条记录*/
void ShowRecord(struct ADDRESS temp)
{
  printf("\n\n*******************************************\n");
  printf("name                 units                telephone\n");
  printf("-------------------------------------------------\n");
  printf("%-13s%-20s%-15s\n",temp.name,temp.units,temp.phone);
  printf("*********************end*********************\n");
  getch();
}
/*删除函数，参数为记录数组和记录条数*/
int DeleteRecord(struct ADDRESS t[],int n)
{
  char s[20];  /*要删除记录的姓名*/
  int i,j;
  system("cls");
  printf("please record name:\n"); /*提示信息*/
  scanf("%s",s);/*输入姓名*/
  i=FindRecord(t,n,s); /*调用 FindRecord 函数*/
  if(i>n-1)  /*如果 i>n-1 超过了数组的长度*/
    printf("Can't found the record\n"); /*显示没找到要删除的记录*/
  else
  {
    ShowRecord(t[i]); /*调用输出函数显示该条记录信息*/
        for(j=i+1;j<n;j++)  /*删除该记录，实际后续记录前移*/
        {
           strcpy(t[j-1].name,t[j].name); /*将后一条记录的姓名复制到前一条*/
           strcpy(t[j-1].units,t[j].units); /*将后一条记录的单位复制到前一条*/
           strcpy(t[j-1].phone,t[j].phone); /*将后一条记录的电话复制到前一条*/
        }
        n--;  /*记录数减 1*/
        printf("Delete a record successfully!\n");
  }
  getch();
  return n;  /*返回记录数*/
}
/*插入记录函数，参数为结构体数组和记录数*/
int InsertRecord(struct ADDRESS t[],int n)/*插入函数，参数为结构体数组和记录数*/
```

```
{
    struct ADDRESS temp;  /*新插入记录信息*/
    int i,j;
    char s[20]; /*确定插入在哪个记录之前*/
    system("cls");
    printf("please input record\n");
    printf("*************************************************\n");
    printf("name              units            telephone\n");
    printf("-------------------------------------------------\n");
    scanf("%s%s%s",temp.name,temp.units,temp.phone); /*输入插入信息*/
    printf("-------------------------------------------------\n");
    printf("please input locate name \n");
    scanf("%s",s); /*输入插入位置的姓名*/
    i=FindRecord(t,n,s); /*调用 FindRecord，确定插入位置*/
    for(j=n-1;j>=i;j--)   /*从最后一个结点开始向后移动一条*/
    {
        strcpy(t[j+1].name,t[j].name); /*当前记录的姓名复制到后一条*/
        strcpy(t[j+1].units,t[j].units); /*当前记录的单位复制到后一条*/
        strcpy(t[j+1].phone,t[j].phone); /*当前记录的电话复制到后一条*/
    }
    strcpy(t[i].name,temp.name); /*将新插入记录的姓名复制到第 i 个位置*/
    strcpy(t[i].units,temp.units); /*将新插入记录的单位复制到第 i 个位置*/
    strcpy(t[i].phone,temp.phone); /*将新插入记录的电话复制到第 i 个位置*/
    n++;   /*记录数加 1*/
    getch();
    return n; /*返回记录数*/
}
/*保存函数，参数为结构体数组和记录数*/
void SaveRecord(struct ADDRESS t[],int n)
{
    int i;
    FILE *fp;  /*指向文件的指针*/
    system("cls");
    printf("Saving the records to the file address.txt\n.............\n");
    if((fp=fopen("address.txt","wb"))==NULL)  /*打开文件，并判断打开是否正常*/
    {
        printf("can not open file\n");/*没打开*/
        exit(1);  /*退出*/
    }
```

```
    printf("\nSaving the file\n");  /*输出提示信息*/
    fprintf(fp,"%d",n);  /*将记录数写入文件*/
    fprintf(fp,"\r\n");  /*将换行符号写入文件*/
    for(i=0;i<n;i++)
    {
        fprintf(fp,"%-20s%-30s%-10s",t[i].name,t[i].units,t[i].phone);/*格式写
入记录*/
        fprintf(fp,"\r\n");  /*将换行符号写入文件*/
    }
    fclose(fp);/*关闭文件*/

    printf("Save the records successfully!\n");  /*显示保存成功*/
    getch();
}
/*读入函数，参数为结构体数组*/
int LoadRecord(struct ADDRESS t[])
{
    int i,n;
    FILE *fp;  /*指向文件的指针*/
    if((fp=fopen("address.txt","rb"))==NULL)/*打开文件*/
    {
        printf("can not open file\n");  /*不能打开*/
        exit(1);  /*退出*/
    }
    fscanf(fp,"%d",&n);  /*读入记录数*/
    for(i=0;i<n;i++)
        fscanf(fp,"%20s%30s%10s",t[i].name,t[i].units,t[i].phone);  /*按格式读入
记录*/
    fclose(fp);  /*关闭文件*/
    printf("You have successfully load files from file!\n");  /*显示保存成功*/
    getch();
    return n;  /*返回记录数*/
}
/*查找函数，参数为记录数组和记录条数以及姓名s */
int FindRecord(struct ADDRESS t[],int n,char *s)
{
    int i;
    for(i=0;i<n;i++)/*从第一条记录开始，直到最后一条*/
    {
```

```
        if(strcmp(s,t[i].name)==0)   /*记录中的姓名和待比较的姓名是否相等*/
        return i;   /*相等，则返回该记录的下标号，程序提前结束*/
    }
    return i;   /*返回 i 值*/
}
```

程序运行结果如图 13-8～图 13-11 所示。

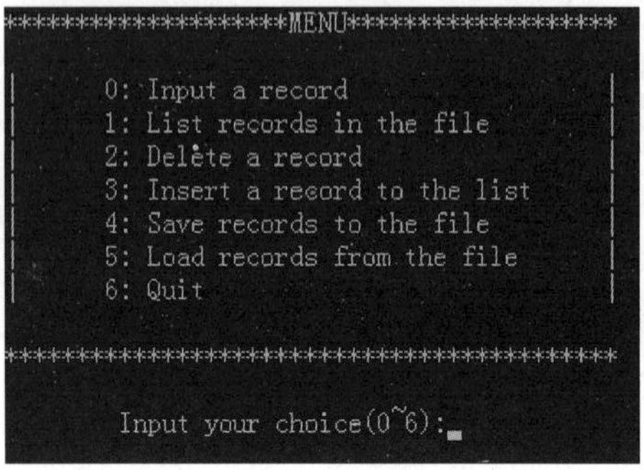

图 13-8　程序运行结果（1） 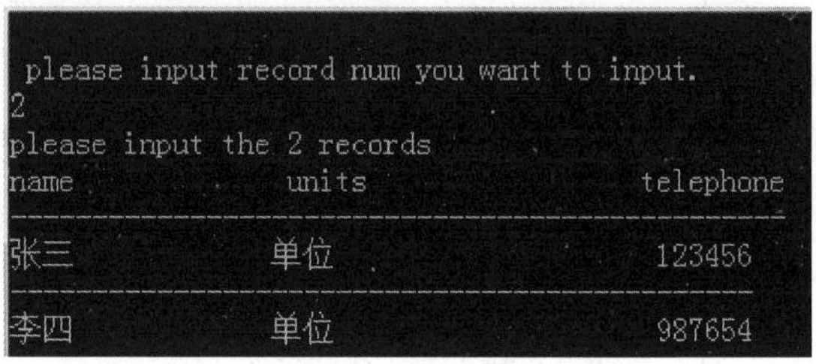　　　　　　　　图 13-9　程序运行结果（2）

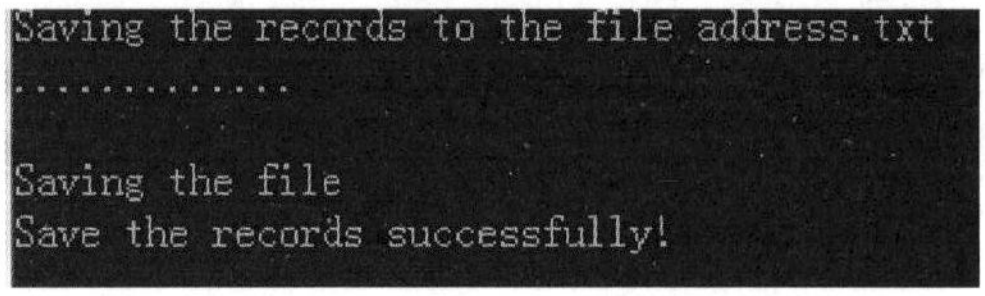

图 13-10　程序运行结果（3）　　　　　　　　图 13-11　程序运行结果（4）

任务五　竞技比赛打分系统

源代码：

```c
#include <stdio.h>
#include <conio.h>
#include <string.h>
#include<windows.h>



#define    JUDEGNUM   3     /* 裁判数 */
#define NAMELEN          20    /* 姓名最大字符数 */
#define CODELEN          10    /* 号码最大字符数 */
```

```
#define FNAMELEN     80  /* 文件名最大字符数 */
#define BUFFSIZE     128 /* 缓冲区最大字符数 */

char judgement[JUDEGNUM][NAMELEN+1] = {"judgementA","judgementB","judgementC"};
struct AthleteScore
{
    char name[NAMELEN+1];   /* 姓名 */
    char    code[CODELEN+1];   /* 学号 */
    int score[JUDEGNUM];    /* 各裁判给的成绩 */
    int    total;              /* 总成绩 */
};

struct LinkNode
{
    char name[NAMELEN+1];   /* 姓名 */
    char    code[CODELEN+1];   /* 号码 */
    int score[JUDEGNUM];    /* 各裁判给的成绩 */
    int total;              /* 总成绩 */
    struct  LinkNode *next;
}*head; /* 链表首指针 */

int total[JUDEGNUM];        /* 各裁判给的总成绩 */
FILE *filepoint;            /* 文件指针 */
char filename[FNAMELEN];/* 文件名 */

/* 从指定文件读入一个记录 */
int GetRecord(FILE *fpt,struct AthleteScore *sturecord)
{
    char buf[BUFFSIZE];
    int i;
    if(fscanf(fpt,"%s",buf)!=1)
        return 0;    /* 文件结束 */
    strncpy(sturecord->name,buf,NAMELEN);
    fscanf(fpt,"%s",buf);
    strncpy(sturecord->code,buf,CODELEN);
    for(i=0;i<JUDEGNUM;i++)
        fscanf(fpt,"%d",&sturecord->score[i]);
    for(sturecord->total=0,i=0;i<JUDEGNUM;i++)
        sturecord->total+=sturecord->score[i];
```

```
        return 1;
    }
/* 对指定文件写入一个记录 */
void PutRecord(FILE *fpt,struct AthleteScore *sturecord)
{
    int i;
    fprintf(fpt,"%s\n",sturecord->name);
    fprintf(fpt,"%s\n",sturecord->code);
    for(i=0;i<JUDEGNUM;i++)
        fprintf(fpt,"%d\n",sturecord->score[i]);
    return ;
}


/* 显示运动员记录 */
void ShowAthleteRecord(struct AthleteScore *rpt)
{
    int i;
    printf("\nName   : %s\n",rpt->name);
    printf("Code   : %s\n",rpt->code);
    printf("score  :\n");
    for(i=0;i<JUDEGNUM;i++)
        printf("      %-15s : %4d\n",judgement[i],rpt->score[i]);
    printf("Total  : %4d\n",rpt->total);
}


/* 列表显示运动员成绩 */
void Listathleteinfo(char *fname)
{
    FILE *fp;
    struct AthleteScore s;
    system("cls");
    if((fp=fopen(fname,"r"))==NULL)
    {
        printf("Can't open file %s.\n",fname);
        return ;
    }
    while(GetRecord(fp,&s)!=0)
    {
```

```
        ShowAthleteRecord(&s);
    }
    fclose(fp);
    return;
}


/* 构造链表 */
struct LinkNode *CreatLinklist(char *fname)
{
    FILE *fp;
    struct AthleteScore s;
    struct LinkNode *p,*u,*v,*h;
    int i;
    if((fp=fopen(fname,"r"))==NULL)
    {
        printf("Can't open file %s.\n",fname);
        return NULL;
    }
    h=NULL;
    p=(struct LinkNode *)malloc(sizeof(struct LinkNode));
    while(GetRecord(fp,(struct AthleteScore *)p)!=0)
    {
        v=h;
        while(v&&p->total<=v->total)
        {
            u=v;
            v=v->next;
        }
        if(v==h)
            h=p;
        else
            u->next=p;
        p->next=v;
        p=(struct LinkNode *)malloc(sizeof(struct LinkNode));
    }
    free(p);
    fclose(fp);
    return h;
}
```

```
/* 顺序显示链表各表元 */
void OutputLinklist(struct LinkNode *h)
{
    system("cls");
    while(h!=NULL)
    {
        ShowAthleteRecord((struct AthleteScore *)h);
        printf("\n");
        while(getchar()!='\n');
        h=h->next;
    }
    return;
}
/* 按运动员姓名查找记录 */
int SearchbyName(char *fname, char *key)
{
    FILE *fp;
    int c;
    struct AthleteScore s;
    system("cls");
    if((fp=fopen(fname,"r"))==NULL)
    {
        printf("Can't open file %s.\n",fname);
        return 0;
    }
    c=0;
    while(GetRecord(fp,&s)!=0)
    {
        if(strcmp(s.name,key)==0)
        {
            ShowAthleteRecord(&s);
            c++;
        }
    }
    fclose(fp);
    if(c==0)
        printf("The athlete %s is not in the file %s.\n",key,fname);
    return 1;
}
```

```
/* 按运动员号码查找记录 */
int SearchbyCode(char *fname, char *key)
{
    FILE *fp;
    int c;
    struct AthleteScore s;
    system("cls");
    if((fp=fopen(fname,"r"))==NULL)
    {
        printf("Can't open file %s.\n",fname);
        return 0;
    }
    c=0;
    while(GetRecord(fp,&s)!=0)
    {
        if(strcmp(s.code,key)==0)
        {
            ShowAthleteRecord(&s);
            c++;
            break;
        }
    }
    fclose(fp);
    if(c==0)
        printf("The athlete %s is not in the file %s.\n",key,fname);
    return 1;
}
void InsertRecord()
{
    FILE *fp;
    char c,i,j,n;
    struct AthleteScore s;
    system("cls");
    printf("Please input the athletes score record file's name: \n");
    scanf("%s",filename);
    if((fp=fopen(filename,"r"))==NULL)
    {
        printf("The file %s doesn't exit.\ndo you want to creat it? (Y/N)
",filename);
```

```
                getchar();
                c=getchar();
                if(c=='Y'||c=='y')
                {
                    fp=fopen(filename,"w");
                    printf("Please input the record number : ");
                    scanf("%d",&n);
                    for(i=0;i<n;i++)
                    {
                        printf("Input the athlete's name: ");
                        scanf("%s",&s.name);
                        printf("Input the athlete's code: ");
                        scanf("%s",&s.code);
                        for(j=0;j<JUDEGNUM;j++)
                        {
                            printf("Input the %s mark: ",judgement[j]);
                            scanf("%d",&s.score[j]);
                        }
                        PutRecord(fp,&s);
                    }
                    fclose(fp);
                }
            }
            fclose(fp);
            return;
        }
        int main()
        {
            int i,j,n;
            char c;
            char buf[BUFFSIZE];
            while(1)
            {
                system("cls");
                printf("\n-------------- Input a command -----------\n");
                printf("|  i : insert record to a file.          |\n");
                printf("|  n : search record by name.            |\n");
                printf("|  c : search record by code.            |\n");
                printf("|  l : list all the records.             |\n");
                printf("|  s : sort the records by total.        |\n");
```

```
printf("|   q : quit.                                |\n");
printf("----------------------------------------\n");
printf("Please input a command:\n");
scanf("%c",&c);        /* 输入选择命令 */
switch(c)
{
    case 'i':
        InsertRecord();
        getch();
        break;
    case 'n': /* 按运动员的姓名寻找记录 */
        printf("Please input the athlete's name:\n");
        scanf("%s",buf);
        SearchbyName(filename,buf);
        getch();
        break;
    case 'c': /* 按运动员的号码寻找记录 */
        printf("Please input the athlete's code:\n");
        scanf("%s",buf);
        SearchbyCode(filename,buf);
        getch();
        break;
    case 'l': /* 列出所有运动员记录 */
        Listathleteinfo(filename);
        getch();
        break;
    case 's': /* 按总分从高到低排列显示 */
        if((head=CreatLinklist(filename))!=NULL)
            OutputLinklist(head);
        getch();
        break;
    case 'q':
        return 1;
    default:
        break;
    }
}
return 1;
}
```

程序运行结果如图 13-12～图 13-16 所示。

```
  --------------- Input a command ---------------
| i : insert record to a file.                    |
| n : search record by name.                      |
| c : search record by code.                      |
| l : list all the records.                       |
| s : sort the records by total.                  |
| q : quit.                                        |
  ---------------------------------------------
Please input a command:
i
```

图 13-12　程序运行结果（1）

```
Name    : zhangsan
Code    : 89
score   :
          judgementA        : 89
          judgementB        : 87
          judgementC        : 82
Total   : 258

Name    : lisi
Code    : 88
score   :
          judgementA        : 87
          judgementB        : 86
          judgementC        : 85
Total   : 258

Name    : wanger
Code    : 87
score   :
```

图 13-13　程序运行结果（2）

```
  --------------- Input a command ---------------
| i : insert record to a file.                    |
| n : search record by name.                      |
| c : search record by code.                      |
| l : list all the records.                       |
| s : sort the records by total.                  |
| q : quit.                                        |
  ---------------------------------------------
Please input a command:
l
```

图 13-14　程序运行结果（3）

```
Name    : wanger
Code    : 87
score   :
          judgementA        : 90
          judgementB        : 85
          judgementC        : 86
Total   : 261


Name    : zhangsan
Code    : 89
score   :
          judgementA        : 89
          judgementB        : 87
          judgementC        : 82
Total   : 258
```

图 13-15　程序运行结果（4）

```
Please input the athletes score record
123.txt
The file 123.txt doesn't exit.
do you want to creat it? (Y/N) y
Please input the record number : 3
Input the athlete's name: zhangsan
Input the athlete's code: 89
Input the judgementA mark: 89
Input the judgementB mark: 87
Input the judgementC mark: 82
Input the athlete's name: lisi
Input the athlete's code: 88
Input the judgementA mark: 87
Input the judgementB mark: 86
Input the judgementC mark: 85
Input the athlete's name: wanger
Input the athlete's code: 87
Input the judgementA mark: 90
Input the judgementB mark: 85
Input the judgementC mark: 86
```

图 13-16　程序运行结果（5）

附　　录

附录 A　标准 ASCII 字符编码表

DEC	OCT	HEX	KEY	DEC	OCT	HEX	KEY	DEC	OCT	HEX	KEY
0	0	0	nul	43	53	2B	+				
1	1	1	soh	44	54	2C	,	86	126	56	V
2	2	2	stx	45	55	2D	−	87	127	57	W
3	3	3	etx	46	56	2E	.	88	130	58	X
4	4	4	eof	47	57	2F	/	89	131	59	Y
5	5	5	enq	48	60	30	0	90	132	5A	Z
6	6	6	ack	49	61	31	1	91	133	5B	[
7	7	7	bel	50	62	32	2	92	134	5C	\
8	10	8	bs	51	63	33	3	93	135	5D	]
9	11	9	ht	52	64	34	4	94	136	5E	^
10	12	A	lf	53	65	35	5	95	137	5F	_
11	13	B	vt	54	66	36	6	96	140	60	`
12	14	C	ff	55	67	37	7	97	141	61	a
13	15	D	cr	56	70	38	8	98	142	62	b
14	16	E	soh	57	71	39	9	99	143	63	c
15	17	F	si	58	72	3A	:	100	144	64	d
16	20	10	dle	59	73	3B	;	101	145	65	e
17	21	11	dc1	60	74	3C	<	102	146	66	f
18	22	12	dc2	61	75	3D	=	103	147	67	g
19	23	13	dc3	62	76	3E	>	104	150	68	h
20	24	14	dc4	63	77	3F	?	105	151	69	i
21	25	15	mak	64	100	40	@	106	152	6A	j
22	26	16	syn	65	101	41	A	107	153	6B	k
23	27	17	etb	66	102	42	B	108	154	6C	l
24	30	18	can	67	103	43	C	109	155	6D	m
25	31	19	em	68	104	44	D	110	156	6E	n
26	32	1A	sub	69	105	45	E	111	157	6F	o
27	33	1B	esc	70	106	46	F	112	160	70	p
28	34	1C	fs	71	107	47	G	113	161	71	q
29	35	1D	gs	72	110	48	H	114	162	72	r
30	36	1E	rs	73	111	49	I	115	163	73	s
31	37	1F	us	74	112	4A	J	116	164	74	t
32	40	20	sp	75	113	4B	K	117	165	75	u
33	41	21	!	76	114	4C	L	118	166	76	v
34	42	22	"	77	115	4D	M	119	167	77	w
35	43	23	#	78	116	4E	N	120	170	78	x
36	44	24	$	79	117	4F	O	121	171	79	y
37	45	25	%	80	120	50	P	122	172	7A	z
38	46	26	&	81	121	51	Q	123	173	7B	{
39	47	27	`	82	122	53	R	124	174	7C	|
40	50	28	(	83	123	54	S	125	175	7D	}
41	51	29	)	84	124	55	T	126	176	7E	~
42	52	2A	*	85	125	56	U	127	177	7F	del

附录 B   运算符的优先级和结合方向

优先级	类型	运算符	含义	结合方向
1 （最高）		() [] → .	圆括号、函数参数表 数组元素下标 指向结构体成员 结构体成员	自左至右
2	单目运算符	! ~ ++ -- + - (类型) * & sizeof	逻辑非 按位取反 自增1、自减1 正、负运算符 强制类型转换 指针运算符 求地址运算符 求长度运算符	自右至左
3	双目 算术运算符	* / %	乘法、除法、求余	自左至右
4	双目 算术运算符	+ -	加法、减法	自左至右
5	双目移位运算符	<< >>	左移、右移	自左至右
6	双目关系运算符	< <= > >=	小于、小于等于 大于、大于等于	自左至右
7	双目 关系运算符	== !=	等于、不等于	自左至右
8	双目位运算符	&	按位与	自左至右
9	双目位运算符	^	按位异或	自左至右
10	双目位运算符	|	按位或	自左至右
11	双目 逻辑运算符	&&	逻辑与	自左至右
12	双目 逻辑运算符	||	逻辑或	自左至右
13	三目运算符	? :	条件运算	自右至左
14	双目运算符	= += -= *= /= %= >>= <<= &= ^= |=	赋值与复合运算赋值	自右至左
15（最低）	逗号运算符	,	顺序求值	自左至右

说明：

（1）同一优先级的运算符，运算次序由结合方向决定。

（2）不同的运算符所要求的操作数各不相同。单目运算符只要求一个运算对象，双目运算符要求两个运算对象，条件表达式运算符是C语言中唯一的三目运算符，它要求三个运算对象。

附录 C　标准库函数

1. 数学标准库函数（函数原型：math.h）

函数名	函数与形参类型	功　　能
acos	double　acos(double　x)	计算并返回 arccos(x)，要求 $-1 \leqslant x \leqslant 1$
asin	double　asin(double　x)	计算并返回 arcsin(x)，要求 $-1 \leqslant x \leqslant 1$
atan	double　atan(double　x)	计算并返回 arctan(x)
atan2	double tan2(double x,double y)	计算并返回 arctan(x/y)
cos	double　cos(double　x)	计算并返回 cos(x)，x 的单位为弧度
cosh	double　cosh(double　x)	计算并返回双曲余弦值 cosh(x)
exp	double　exp(double　x)	计算并返回 e^x
fabs	double　fabs(double　x)	计算并返回 x 的绝对值 |x|
floor	double　floor(double　x)	求不大于 x 的最大整数部分，并以双精度实型返回该整数部分
fmod	double fmod(double x, double y)	求整除 x/y 的余数，并以双精度实型返回该余数
frexp	double frexp(double val,int *eptr)	将双精度数 val 分解为数字部分（尾数）x 和以 2 为底的指数 n，即 $val=x*2^n$。n 存放在 eptr 指向的整型变量中
log	double　log(double　x)	计算并返回自然对数值 ln(x)，要求 x>0
log10	double　log10(double　x)	计算并返回常用对数值 log10(x)，要求 x>0
modf	double mdof(double val, double *iptr)	将双精度数分解为整数部分和小数部分。小数部分作为函数值返回；整数部分存放在 iptr(x)指向的双精度型变量中
pow	double pow(double x, double y)	计算并返回 x^y
sin	double sin(double x, double y)	计算并返回 sin(x)，x 的单位为弧度
sinh	double　sinh(double　x)	计算并返回 x 的双曲正弦值 sinh(x)
sqrt	double　sqrt(double　x)	计算 x 的平方根，要求 $x \geqslant 0$
tan	double　tan(double　x)	计算并返回 tan(x)，x 的单位为弧度
tanh	double　tanh(double　x)	计算并返回 x 的双曲正切值 tanh(x)

2. 输入/输出库函数（函数原型：stdio.h）

函数名	函数与形参类型	功　　能
clearerr	viod　clearerr (FILE*fp)	清除 fp 指向的文件的错误标志，同时清除文件结束指示器
close	int　close (FILE *fp)	关闭 fp 指向的文件。若成功，返回 0；否则返回-1
creat	int　creat(char filename,int mode)	以 mode 指定的方式建立名为 filename 的文件。若成功，则返回一个正数；否则返回-1
eof	int eof(int fd)	检查文件是否结束。遇文件结束返回 1，否则返回 0
fclose	int fclose　(FILE*fp)	关闭 fp 所指的文件，释放缓冲区。有则返回 1，否则返回 0

续表

函数名	函数与形参类型	功　　能
feof	int fclose (FILE*fp)	检查 fp 所指的文件是否结束。遇文件结束返回 1，否则返回 0
fgetc	int　fgetc (FILE*fp)	从 fp 所指的文件中取得下一个字符并返回取得的字符；若出错，则返回 EOF
fgets	char *fgets (char　*buf, int　n, FILE *fp)	从 fp 所指的文件中读取长度为（n–1）的字符串，存入起始地址为 buf 的空间，并返回地址 buf；若遇文件结束或出错，返回 NULL
fopen	FILE *fopen (char *fname,char *mode)	以 mode 指定的方式打开名为 fname 的文件。若成功，则返回一个文件指针（即文件信息区的起始地址）；否则返回空指针
fprintf	int fprintf (FILE *fp,char *format, args,…) args 为表达式	把 args 的值以 format 指定的格式输出到 fp 所指定的文件中。返回输出的字符数
fputc	int fputc (char ch, FILE　*fp)	将字符 ch 输出到 fp 所指向的文件中。若成功则返回该字符；否则返回 EOF
fputs	int fputs (char *str, FILE *fp)	将 str 所指向的字符串输出到 fp 所指向的文件中。若成功，则返回 0；否则返回非 0
fread	int fread (char*pt,unsigned size,unsigned n, FILE* fp)	从 fp 指定的文件中读取长度为 size 的 n 个数据项，存到 pt 指向的内存区。返回读取数据项个数，如遇文件结束或出错，则返回 0
fscanf	int fscanf (FILE*fp,char format,*args, …)args 指针	从 fp 指定的文件中按 format 给定的格式将输入数据送到 args 所指向的单元。返回输入的数据个数
fseek	int fseek (FILE *fp,long offest,int base)	将 fp 指向的文件的位置指针移到以 base 所指出的位置为基准、以 offest 为位移量的位置。若成功，则返回当前位置，否则返回–1
ftell	long fell　(FILE *fp)	返回 fp 所指向的文件中的读写位置
fwrite	int fwrite(char *ptr, unsigned size,unsigned n, FILE *fp)	把 ptr 所指向的 n*size 个字节输出到 fp 所指向的文件中。返回写到文件中的数据项个数
getc	int getc (FILE*fp)	从 fp 所指向的文件中读取一个字符。若成功，则返回所读取的字符；若文件结束或出错，则返回 EOF
getchar	int getchar ( )	从标准输入设备读取下一个字符。若成功，则返回所读取的字符；若文件结束或出错，则返回–1
gets	char*gets (char*str)	从标准输入设备读取字符串，存入由 str 指向的字符数组中
getw	int getw (FILE*fp)	从 fp 所指向的文件中读取下一个字。若成功，则返回所读取的字（整数）；若文件结束或出错，则返回–1
open	int open (char*filename, int mode	以 mode 指定的方式打开已存在的名为 filename 的文件。若成功，则返回文件号；否则，返回–1
printf	int printf (char*format, args, …) args 为表达式	在 mode 指定的字符串的控制下，将输出列表 args 的值输出到标准输出设备，并返回字符输出个数；若出错，则返回负数
putc	int putc (char ch, FILE*fp)	把一个字符 ch 输出到 fp 所指向的文件中，并返回输出的字符 ch；若出错，则返回 EOF
putchar	int putchar (char ch)	把字符 ch 输出到标准输出设备，并返回输出的字符 ch；若出错，则返回 EOF
puts	int puts (char*str)	把 str 指向的字符串输出到标准输出设备，将"\0"转换为回车换行，并返回回车符；若失败，则返回 EOF

函数名	函数与形参类型	功　能
putw	int putw (int I, FILE*fp)	将一个整数 I（即一个字）写到 fp 指向的文件中，并返回输出的整数；若出错，则返回 EOF
read	Int read(int fd,char *buf,unsigned count)	从文件号 fd 所指示的文件中读取 count 个字节到由 buf 指示的缓冲区中。返回真正读取的字节个数；如遇文件结束，则返回 0，若出错，则返回–1
rename	int rename (char *oldname, char *newname)	把由 oldname 所指的文件名改为由 newname 所指的文件名。若成功，则返回 0，否则返回–1
rewind	void rewind (FILE*fp)	将 fp 所指的文件中的位置指针置于文件开头位置，并清除文件结束标志和错误标志
scanf	int scanf (char *format, args, …)args 为指针	从标准输入设备按 format 指向的格式字符串规定的格式，输入数据给 args 所指向的存储单元。返回赋给 args 的数据个数；若遇文件结束，则返回 EOF，若出错，则返回 0
write	int　write (int fd, char *buf, unsigned count)	从 buf 指示的缓冲区输出 count 个字符到 fd 所指向的文件中。返回实际输出的字符数；若出错，则返回–1

3. 字符函数与字符串函数（函数原型：string.h）

函数名	函数与形参类型	功　能
isalnum	int isalnum (int ch)	检查 ch 是否是字母或数字。若是，则返回 1，否则返回 0
isalpha	int isapha (int ch)	检查 ch 是否是字母。若是，则返回 1，否则返回 0
iscntr	int iscntr (int ch)	检查 ch 是否是控制字符（其 ASCII 码在 0 和 0x1F 之间）。若是，则返回 1，否则返回 0
sidigit	int isdigit (int ch)	检查 ch 是否是数字。若是，则返回 1，否则返回 0
isgraph	int isgraph (int ch)	检查 ch 是否是可打印字符（其 ASCII 码在 0x21 和 0x7E 之间）。若是，则返回 1，否则返回 0
islower	int islower (int ch)	检查 ch 是否是小写字母（a~z）。若是，则返回 1，否则返回 0
isprint	int isprint (int ch)	检查 ch 是否是可打印字符（包括空格，即 ASCII 码在 0x20 和 0x7E 之间）。若是，则返回 1，否则返回 0
ispunct	int ispunct (int ch)	检查 ch 是否是标点符号（不包括空格）。若是，则返回 1，否则返回 0
isspace	int isspace (int ch)	检查 ch 是否是空格、跳格符（即制表符）或换行符。若是，则返回 1，否则返回 0
isupper	int isupper (int ch)	检查 ch 是否是大写字母（A~Z）。若是，则返回 1，否则返回 0
isxdigit	int isxdigit (int ch)	检查 ch 是否是一个十六进制数字字符（即 0~9、A~F 或 a~f）。若是，则返回 1，否则返回 0
strcat	char *strcat (char *str1 , char *str2)	把字符串 str2 接到 str1 的后面，原 str1 最后的 '\0' 被取消。返回指向 str1 的指针
strchr	char*strchr (char *str, int　ch)	在 str 指向的字符串中找出第一次出现字符 ch 的位置。返回指向该位置的指针；若找不到，则返回空指针
strcmp	int strcmp (char *str1 , char *str2)	比较两个字符串。若 str1<str2，则返回负数；若 str1=str2，则返回 0；若 str1>str2，则返回正数

续表

函数名	函数与形参类型	功 能
strcpy	char *strcpy (char *str1， char *str2)	把 str2 指向的字符串复制到 str1 中。返回 str1 的指针
strlen	unsigned int strlen (char *str)	统计字符串 str 中字符的个数（不包括 '\0'）。返回字符个数
strstr	char *strstr (char *str1 , char *str2)	找出字符串 str2 在字符串 str1 中第一次出现的位置（不包括 str2 的终止符）。返回该位置的指针；若找不到，则返回空指针
tolower	Int tolower (int ch)	将字符串 ch 转换为小写字母。返回 ch 所代表的小写字母
toupper	Int toupper (int ch)	将字符串 ch 转换为大写字母。返回 ch 所代表的大写字母

4. 时间函数（函数原型 time.h）

函数名	函数与形参类型	功 能
asctime	char*asctime(struct tm *p)	将日期和时间转换成 ASCII 字符串
clock	clock–t clock( )	确定程序运行到现在所花费的大概时间
ctime	char*ctime(long*time)	把日期和时间转换成字符串
difftime	double difftime(time–t time1, time–t time2)	计算 time1 与 time2 之间所差的秒数
gmtime	struct tm*gmtime(time–t *time)	得到一个以 tm 结构体表示的分解时间。该时间按格林尼治标准时间计算
time	time–t time(time–t time)	返回系统的当前日历时间

5. 其他函数（函数原型：stdlib.h）

函数名	函数与形参类型	功 能
abort	void abort ( )	立刻结束程序运行，不清理任何缓冲文件
abs	int abs (num)	计算整数 num 的绝对值
atof	double atof(char*str)	把 str 指向的字符串转换成一个 double 值
atoi	int atoi(char*str)	将 ASCII 字符串转换为整数
atil	int atil(char*str)	将 str 指向的 ASCII 字符串转换成长整型值
exit	void exit(int status)	使程序立刻正常终止。status 的值传给调用过程
div	div–t div(int num,int denom)	计算 num/denom
itoa	char * itoa(int num,char *str,int radix)	把整数 num 转换成与其等价的字符串，并把结果放在 str 指向的字符串中，由 radix 决定在转换成输出串时所采用的进制数
labs	long labs(long num)	返回长整数 num 的绝对值
ldiv	ldiv–t ldiv(long num,long denom)	计算 num/denom
ltoa	char * ltoa(long num,char *str,int radix)	把长整数 num 转换成与其等价的字符串，并把结果放到 str 指向的字符串中。由 radix 决定在转换成输出串时所采用的进制数
rand	int rand( )	产生一系列伪随机数
system	int system (char*str)	把 str 指向的字符串作为一个命令传送到操作系统的命令处理程序中

参 考 文 献

［1］谭浩强. C 语言程序设计［M］. 北京：清华大学出版社，2017.

［2］郎建昭. 边用边学 C 语言［M］. 北京：清华大学出版社，2008.

［3］张敏霞. C 语言程序设计教程［M］. 北京：电子工业出版社，2017.

［4］杨治明. C 语言程序设计教程［M］. 北京：人民邮电出版社，2012.

［5］徐新华. C 语言程序设计教程［M］. 北京：中国水利水电出版社，2007.

［6］传智播客高教产品研发部. C 语言程序设计教程［M］. 北京：人民出版社，2014.

［7］贾宗璞. C 语言程序设计［M］. 北京：中国铁道出版社，2018.